U0245959

龙鱼

□ 刘雅丹　白　明　主编

中国农业出版社
农村读物出版社
北　京

图书在版编目（CIP）数据

龙鱼 / 刘雅丹, 白明主编 . -- 北京 : 中国农业出版社, 2023.1
（家养观赏鱼系列）
ISBN 978-7-109-30403-1

Ⅰ . ①龙… Ⅱ . ①刘… ②白… Ⅲ . ①观赏鱼类 – 鱼类养殖 Ⅳ . ① S965.8

中国国家版本馆 CIP 数据核字 (2023) 第 021413 号

龙鱼
LONGYU

中国农业出版社出版
地址：北京市朝阳区麦子店街 18 号楼
邮编：100125
策划编辑：马春辉　　　责任编辑：马春辉　周益平
责任校对：吴丽婷
印刷：北京中科印刷有限公司
版次：2023 年 1 月第 1 版
印次：2023 年 1 月北京第 1 次印刷
发行：新华书店北京发行所
开本：710mm×1000mm　1/16
印张：6
字数：100 千字
定价：48.00 元

家养观赏鱼系列丛书编委会

主　编：刘雅丹　白　明

副主编：朱　华　吴反修　代国庆

编　委：于　洁　邹强军　隋　然　张　蓉　赵　阳

　　　　单　袁　张馨馨　左花平

配　图：白　明

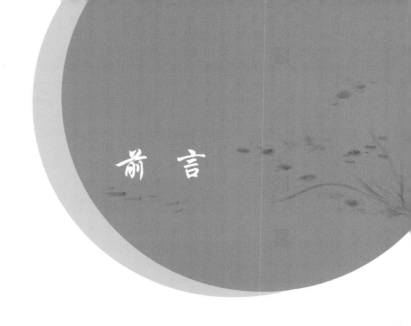

前言

　　龙，作为盘古开天地神化的精灵，作为中华民族形象的代表，它象征着华夏子孙的品德、精神和信仰。中国龙文化，上下几千年，源远流长。龙的形象深入到了社会的各个角落，龙的影响波及了文化的各个层面、每个元素，多彩多姿。每一位炎黄子孙的骨髓，都深深地打上了龙的烙印，并与之血肉相连。

　　千百年来，华人崇尚龙的精神、敬畏龙的威严、祈望龙的恩泽，而龙在现实中却不存在，它只是一种幻化的神物，只能让人们将其供奉于心中，默默敬仰。在现实中出现的，只是历代文学艺术作品中为我们勾画出的威武神奇、神态各异的龙的形象。龙鱼有巨须，胸鳍似龙爪，浑身鳞光闪烁，以其形似迎合了华人对龙的虚拟之意；龙鱼盘旋灵动、仪态大方，静时安若处子、动时迅如脱兔，以其神似附会了华人对自由的向往之情；龙鱼目光炯炯，霸气十足，似有腾云驾雾、雷霆万钧之势，以其王者之风表达了华人对王权的敬仰之心；龙鱼华丽端庄，高贵祥和，其寓意的长寿、吉祥、喜庆寄托着华人对和谐、安宁生活的朴素愿望。

龙鱼与传说中的龙竟如此神形皆似，华人将其作为龙的化身，作为对龙情结的最佳寄托对象也就毫不奇怪了。龙鱼饲养风靡东南亚，走进千家万户，逐渐形成一种文化——龙鱼文化，并成为中国龙文化不可分割的一部分。

饲养和欣赏龙鱼，也许您会对它寄托着无限的厚望，希望龙吟虎啸能为您驱邪镇宅，希望龙断之登能为您带来财源滚滚，希望攀龙附凤能让您青云直上。其实，这些都不重要。我们欣赏龙鱼，是因为龙鱼明艳的色彩、优雅的泳姿在为我们诠释大自然美的精华，让我们耳目一新、心旷神怡；是因为龙鱼高傲的气质、明亮的眼睛、无时无刻不在激发我们对生活的热爱，对正义的追求。

养好龙鱼，您要拥有耐心、信心，永不言弃，不断前进；养好龙鱼，您将学会超凡脱俗、淡泊宁静，看世间风起云涌、龙争虎斗，我却风景无限、悠然自得；养好龙鱼，与龙鱼和谐相处，家中自是龙凤呈祥，一片喜气洋洋。

编者

2022 年 8 月

目　录

识鱼篇 ● ● ● ● ● ●

赏鱼篇 ••••••

不论是南美洲还是东南亚，龙鱼都分布在原始幽静的河流当中，河流水质受土壤的影响，长年保持酸性混浊的状态。因此，直到 20 世纪 30 年代龙鱼才被科学家发现。

识鱼篇

　　龙鱼是一种大型鱼类。它体形威武，一身熠熠生辉的"盔甲"，一副如大鹏展翅的胸鳍，一双炯炯有神的龙目，两条威风凛凛的巨须，就像御驾出征的帝王，特别与神话传说中的龙的形象非常吻合。龙鱼在水中的泳姿，从容而霸气，充分体现出传说中的龙的神气和尊贵。

龙鱼与中国的龙文化

神秘而威严的中国龙文化 〉〉〉

　　龙，是我国古代至今传说中的神奇动物，它身体长，有鳞、有角、有脚，能走、能飞、能泳、能兴云布雨，可上天入海，其神奇莫测、变幻无穷。对龙的原始图腾崇拜是从距今7000年的新石器时代就开始了。历朝历代，帝王贵胄视龙为权力、富贵的化身，使其至高无上；平民百姓视其为幸运、吉祥的化身，龙的意象深入民心。随着历史长河的沉淀，龙作为一个符号，一种象征，一个图腾，一种情

皇家宫殿内到处可见龙形浮雕

结,已渗透进了社会生活的各个方面,成为一种文化的凝聚和积淀,成为撑起民族精神的骨架与基石。

龙形佩饰

在历史的锋刃下,龙的形象不断被裁剪、琢磨:商周赋予它威武,汉唐赋予它大度,辽金则又增添了恣意奔腾。龙最终成为人们心目中的万兽之尊。至今,不但中国大陆,在深受中华文化熏陶的整个东亚华人文化圈内,龙文化都有着广泛而深厚的影响力。

一首《龙的传人》,唱出的是每一个中国人的心声,喊出的是整个华夏民族浓浓的龙情结。我们身体里都流淌着龙的血液,我们都具有龙的气质和威严,我们都为永远是龙的传人而骄傲和自豪。

 ## 龙鱼与龙文化的交汇　　〉〉〉

为什么龙鱼能够迅速风靡东方世界?这与传统的龙文化影响有着千丝万缕的联系,我们不妨从龙鱼本身来探究其龙的文化因素。

● **龙鱼是与恐龙同一时代生活的神奇之鱼**

龙鱼类的祖先最早出现在白垩纪,与恐龙生活在同一时代,有着"活化石"之称。它能从远古的生物演化中生存至今,本身就带着一种神奇。

● **龙鱼与龙的形、神、气相似**

龙鱼与龙的形似体现在其体形健硕,一身熠熠生辉的"盔甲",一副如大鹏展翅的胸鳍;龙鱼一双炯炯有神的龙目,两条威风凛凛的巨须,气势恢宏,与神话传说中的龙非常神似;龙鱼在水中的泳姿,从容而霸气,充分体现出传说中龙的精气

神和王者的尊贵。

● 龙鱼与四神兽中的青龙

在中国传统文化中，一直有"青龙、白虎、朱雀、玄武，天之四灵，以正四方"的说法，意即龙、虎、凤、龟四神兽分别镇守着东西南北四方。龙鱼作为龙在现实世界的化身，在民间风俗中也就产生很多说法。在中国的成语中，龙与四兽的寓意都寄托着人们对生活幸福美满的美好愿望，如龙飞凤舞、龙眉凤目、龙凤呈祥、生龙活虎、龙马精神，喜爱龙鱼的人也用心地把这些寓意美好的成语，以混养的形式体现在鱼缸中。

● 龙鱼和龙都寄托着良好的寓意

龙鱼与龙一样，具有很多良好的寓意。如其寿命很长，有"长命百岁，寿比南山"之寓意；其形神似龙，是无上权力、尊贵地位的象征等等。龙凤吉祥，暗含聚财、富贵之意。人们在龙鱼身上寄托了如此多的美好愿望，把它们作为最佳风水鱼而请进千家万户也就是一件必然之事了。

龙袍是中国古代皇帝专用的服装

华人家养龙鱼的风俗文化　　　　　　>>>

20世纪，当与龙形神皆似的鱼种——龙鱼出现时，便迅速在东亚华人文化圈内的相关国家水族市场上掀起了一阵风潮，尤其是以金龙、红龙、青龙为代表的亚洲龙鱼，在东南亚、日本和中国台湾等地，备受青睐。龙鱼风靡以来，人们都把它作为最佳风水鱼、招财鱼来看待，认为它是古代祥龙的化身。长久以来，龙鱼是人们

东南亚华人家中饲养龙鱼的水族箱常常配以金色装饰，体现主人的富贵

一种希望的寄托，希望家养龙鱼能镇宅驱邪、招财进宝。因此，家庭饲养龙鱼中，也有不少讲究。

● 龙鱼的混养有寓意

龙鱼与飞凤混养，暗含"龙凤呈祥"之意，寄托了人们对家庭生活幸福美满的美好愿望；龙鱼与虎鱼混养，则暗合"天龙地虎"之意，寄托了人们降妖辟邪、保家宅安宁的愿望；龙鱼与龟混养，则有长久、长寿的寓意；而四者一块混养，更是可震慑四方恶煞，招来好运程。

● 龙鱼的颜色有彩头

不同颜色的龙鱼，在民俗中代表着不一样的彩头。一般认为，红色和银色可招财进宝，金色有利事业发达，黑色可逢凶化吉。但民间认为家宅内不宜只养黑色鱼，因为黑色虽可化煞，但亦会招煞。

● 龙鱼家养之数带吉祥

养鱼数目是有讲究的，一般认为九条最佳。"九鱼"象征吉利。一般鱼缸放不下九条，则可养六条或三条，分别代表"六六无穷"和"三三不尽"之意。

龙鱼的传奇历史

在大自然偶现的神奇龙鱼 〉〉〉

　　1829 年，在南美亚马孙河流域，人们发现了神奇的龙鱼。龙鱼的学名"scleropages"是舌头、硬咽状的意思，是由美国鱼类学家温带理（Vandell）博士定名的。1933 年，法国鱼类学家卑鲁告蓝博士在越南西贡发现红色龙鱼。1966 年，法国鱼类学家布蓝和多巴顿在柬埔寨金边发现了龙鱼的另外一个品种。之后，一些国家的专家学者相继在越南、泰国和马来半岛以及印度尼西亚的苏门答腊、班加岛、婆罗洲发现了更多的龙鱼品种，于是就把龙鱼分成金龙鱼、红龙鱼、过背金龙鱼、红尾金龙鱼、青龙鱼和银龙鱼等。

　　龙鱼作为观赏鱼开始进入水族业是在 20 世纪 50 年代后期，从美国开始兴起，至 80 年代逐渐在世界各地风行起来，20 世纪末进入中国大陆。

金龙鱼的原产地武吉美拉湖

在马来西亚，龙文化和佛教文化一样被广泛认同

从食用鱼突变为美丽的观赏龙鱼　〉〉〉

　　马来西亚各大小河溪湖泊是野生龙鱼的故乡之一。作为大型淡水鱼，人们起先是把钓到的龙鱼作为食用鱼在市场贩卖。1978年，吉隆坡两家钓具店同时向马来西亚某家英文报纸宣称，该钓具店才是马来西亚首家金龙鱼贩卖商店。其中一家指出，该店早在1972年开业时，因其店主喜爱钓鱼，将所钓获的龙鱼摆设于自家店内展示、销售，由于惊见鱼鳞金光闪闪，故取名为金龙鱼；另外一家商店表示，他们才是将金龙鱼发扬光大的创始店，起始于该店一群钓鱼发烧友经常把钓到的龙鱼售给该店，而该店摆设贩售已超过六年的时间，售出了百尾以上的金龙鱼。当时，这家报纸在钓鱼专栏相继报道两家钓具商店争名夺利的消息时，使得金龙鱼零售市场异常兴奋起来，水族商家踊跃投入经营，民间养"龙"风尚大行，爱好者近乎疯狂地追求饲养，使原先在餐桌上的龙鱼顿时华丽转身，成了身价百倍的高档观赏鱼。

从野生鱼转为人工繁殖的龙鱼　　　　　>>>

龙鱼成为万人青睐的观赏鱼之后，捕捞野生龙鱼供不应求，自然资源受到严重破坏。1980 年，亚洲龙鱼被列为濒临灭绝的生物，严禁在栖息地捕捞，个人饲养亚洲龙鱼成为奢望。为了适应龙鱼的市场需求，龙鱼的人工繁殖是亟待解决的难题。

龙鱼的人工繁殖最早诞生于马来西亚柔佛州。当时，一家热带鱼养殖场将尚未售出的野生龙鱼放入池塘中，不久后竟偶然在塘边草丛中发现有小龙鱼在水中游。塘主非常兴奋，经过一段时间饲养和研究，终于发现了龙鱼繁殖之谜。从此龙鱼很快走上了人工繁殖之路。

之后几年，随着人工繁殖技术不断进步，马来西亚、印度尼西亚、新加坡等国的龙鱼繁殖场如雨后春笋般相继出现。经过各国的努力，人工养殖龙鱼获得了国际销售许可。到 1995 年，印尼 8 家，马来西亚 2 家，新加坡 1 家，总共 11 家亚洲龙鱼繁殖场获准销售所繁殖的第三代及之后的亚洲龙鱼。

养殖场捕捞商品龙鱼的场景

在龙鱼家乡泛舟

 ## 从普通观赏鱼变成了华人心中的龙鱼 　　　　>>>

　　上下数千年的龙文化已渗透了中国社会的各个阶层，除了在中华大地上传承之外，还被远渡海外的华人传播到了世界各地。居住在南洋的华裔居民，同样承袭中国原有的风俗文化，"龙"在当地华裔心目中代表着尊贵、吉祥、幸运的观念也流传了下来。因此，龙鱼在亚洲各国已经被赋予了某种吉祥的含义和象征，在华人圈里更具有根深蒂固的传统观念。

　　华人在家中饲养金龙鱼，除了显耀身份之外，主要的目的是用于居家风水上，因为在华裔传统风俗中，认为金龙鱼乃是居家避邪煞之气的最佳风水鱼之一，也是民间流传最多神话传说的奇鱼。自1957年马来西亚独立以来，观赏鱼之中能深入民间且至今仍深受人们喜爱的，首推金龙鱼。金龙鱼不仅华人爱好饲养，马来人也受到感染。当时许多马来西亚国产消费品均纷纷采用金龙鱼当商标，如食油、大米、盐或糖果、玩具、衣服等日常生活必需品，都把金龙鱼当成商标使用。1997年马来

西亚国产轿车以金龙鱼为名，使金龙鱼真正被融入当地的社会文化之中，饲养金龙鱼成为水族宠物的主流。

随着赌博业被尊为财神的龙鱼 〉〉〉

龙鱼养殖之所以在马来西亚能够风靡，与该国的赌博业有着很大的关系。自从马来西亚赌博业合法化之后，赌徒们通过各种渠道获得灵感，更离谱的还有把各种发生在生活中的离奇琐事联想一起。20世纪70年初期走入马来西亚家庭当观赏鱼的龙鱼，由于在成长期内，鳃盖两面会出现类似阿拉伯数字的线纹，常吸引赌徒天天前来观看鳃盖上的线纹变化。在多方猜测之下，把线纹与数字联想在一起，如此众多的赌徒里，只要一位幸运猜中，消息便不胫而走，民间很快就把龙鱼当财神爷，人人都争着请进家门。

有招财寓意的龙鱼工艺品

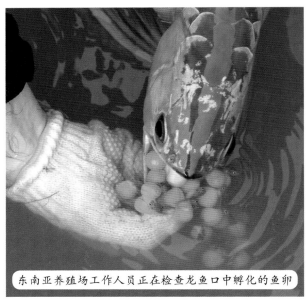

东南亚养殖场工作人员正在检查龙鱼口中孵化的鱼卵

龙鱼的分类和品种知多少

　　龙鱼以熠熠生辉的鳞片、霸气外露的身形以及威猛高贵之气，受到观赏鱼爱好者的喜爱，从分类学上，龙鱼隶属于骨舌鱼科，又称骨咽鱼科。根据地域分布与血统，龙鱼分为：亚洲龙鱼、美洲龙鱼、澳洲龙鱼、非洲龙鱼。根据鳞片色彩，又可分为：红龙鱼、金龙鱼、青龙鱼、银龙鱼、黑龙鱼。为了大家更好地理解，专家们将不常见的龙鱼归为其他龙鱼，包括海象鱼、星点龙鱼、星点斑纹龙鱼、尼罗河龙鱼。以下我们简单介绍一下龙鱼的分类。

 ## 龙鱼的品种是如何划分的　　　　　　　　　　>>>

　　龙鱼属鱼纲（Pisces）中的硬骨鱼系（Bony fishes），骨舌鱼目（Osteoglossiforms）的骨舌鱼科（Osteoglossidae），在科以下则可分为两个属八个独立演化的物种。

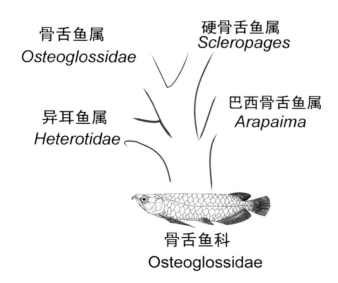

骨舌鱼属
Osteoglossidae

硬骨舌鱼属
Scleropages

异耳鱼属
Heterotidae

巴西骨舌鱼属
Arapaima

骨舌鱼科
Osteoglossidae

一是骨舌鱼属（*Osteoglossum*），包括美洲银带或银龙（*Osteoglossum bicirrhosum*）和美洲黑带或黑龙（*Osteoglassum ferreirai*）。

二是硬骨舌鱼属，也叫巩鱼属（*Scleropages*），包括澳洲珍珠龙（*Scleropages jardinii*）、澳洲星点龙（*Scleropages leichardti*）和亚洲龙鱼（*Scleropages formosus*）。亚洲龙鱼根据产地和颜色的不同分为：红龙、青龙、过背金龙、红尾金龙。

以上这些种类属于有须类的龙鱼品系，另外还有两种更为古老的品系是属于无须类的，一种是非洲黑龙（*Heterotis niloticus*），另一种是美洲海象鱼（*Arapaima gigas*）。

小知识

　　血红龙和辣椒红龙统称红龙鱼或一号红龙鱼，是一个品种在两个产地的不同表现族群。因为自然湖泊的隔绝，它们向不同的方向演化，所以身体形态和体色会略有差别。近年来，为了改良两类鱼的一些缺点，很多养殖场用这两类龙鱼进行杂交。所以现在的红龙鱼大多已经规避了尾鳍窄小、头部太尖、颜色不鲜艳等影响整体美观的特征。

 ## 龙鱼主要品种特征 　〉〉〉

● 银龙鱼（Silver Arowana）

之所以先介绍银龙鱼，是因为龙鱼品种中最早的类别当属银龙鱼。根据 Vandeli 在 1829 年的记载，银龙是骨舌鱼中最早披露的鱼种。而在骨舌鱼科（Osteoglossum）中，银龙与海象鱼一样是亚马孙河古代鱼的代表鱼种。

银龙鱼原产于亚马孙河和圭亚那一带，鱼体呈长带形，侧扁。尾呈扇形；背鳍和臀鳍呈带形，向后延伸至尾柄基部；其胸鳍较大；尾鳍短小呈圆扇形。眼睛在头上部接近头顶的位置，口也在头的上位。口大而下斜，下颚比上颚突出，长有一对短而粗的须。

银龙鱼有五排呈粉红色的半圆形鳞片，鳞片巨大，延至尾部相对较小，鱼体呈现金属的银色，其中含有钴蓝色、蓝色、青色等混合颜色，闪闪发亮。在光线的照射下，银龙鱼还能显现出淡粉红等其他颜色，既美丽又神奇。幼鱼时的体色泛青，成鱼体长 90～100 厘米。

银龙鱼多数来自南美洲的巴西和秘鲁。人们从捕获的亲鱼（公鱼）的口中将鱼卵或稚鱼挖出来后，经过暂养与检疫再输往世界各地。每年的 10 月到第二年的 3 月是银龙幼鱼的采集季节，因为在这段时间前的一两个月雨季来临时，银龙鱼会开始产卵。此时，所有的个体都会在腹部有个橘色弹丸般大的卵黄囊，这个时期完全不需进食，单靠自体的养分就足够了。不久，等到其消化系统健全之后，就可以喂食赤虫了。但是，此时仍是稚鱼在亲鱼口中学习摄食方法、避敌技巧等的训练期，对于生产量十分低的骨舌鱼来说，采取口孵的方式是提高稚鱼存活率的一个好方法。如果饲养几十只稚鱼时，常会发现它们在靠近水面的水流静止处或水槽的角落群聚成一团，以头向上仿佛濒临死亡般的姿态在休息，等到鱼龄渐长，这种行为就渐渐消失了。这个时期龙鱼的眼睛非常大，头长与眼径相比十分不成比例。4 厘米左右的仔鱼（尚有着卵黄囊的个体）在体侧与头部有一条粗的黑色纵带，这条纵带会随着卵黄囊的吸收而逐渐消失。稚鱼期，鳍与身体比起来显得特别大，尤其是臀鳍、腹鳍的第一条软鳍和吻端的触须也很大。

银龙的个性在所有的骨舌鱼中算是很温和的，可以与同规格的鱼混养。银龙也是所有骨舌鱼中繁殖力最强的。银龙的食性被归纳为肉食性，但不表示只吃鱼类。除了小鱼外，银龙也吃很多其他的东西，在体长 10 厘米左右的稚鱼期，平常

银龙幼鱼

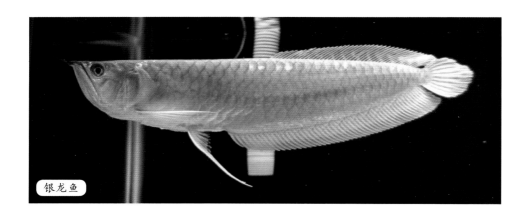

银龙鱼

小知识

水生动物世界的"暖男"——龙鱼爸爸

龙鱼的繁殖是非常特殊又暖心的，龙鱼妈妈产卵，爸爸授精之后，就把卵宝贝含入口中。

谈恋爱时，龙鱼的雄鱼颜色更为艳丽，更能吸引雌鱼，它们都是自由恋爱。恋爱成功后，雌雄双双游至浅水区水草丛生地带，选择合适的空间去进行"生儿育女"。一般亚洲龙鱼3～4岁达到性成熟，初次性成熟的成鱼体长50厘米左右，雄鱼略大，雌鱼略小，体重1.3～1.5公斤。初次当妈妈的雌鱼怀卵量30～60粒，随着年龄增长，怀卵量增多。

龙鱼爸爸孵化小龙鱼的整个过程大约要50天。孵化30天时，胚胎长至2厘米，腹部已经与卵粒分开一段距离，小龙鱼就像一只小蜻蜓趴在一个小乒乓球上。孵化40天时，小龙长度5厘米，已经成型，但腹部仍会挂着一个大大的卵黄囊。偶尔，小龙鱼也可以离开父亲的嘴巴在近距离游动了，可一旦碰到危险情况，小龙鱼就立刻纷纷返回爸爸口中。50天后，小龙鱼们才从爸爸的口中游出来。在这段日子里，龙鱼爸爸太辛苦了，它需要不吃不喝地坚守着它的宝贝们。在神奇的自然界，龙鱼以其奇特的繁衍方式，向我们展示了伟大的父爱！

以虾、水蚤、摇蚊幼虫等甲壳类或水生昆虫为食，也会捕捉小鱼。成鱼时，除了巡游在水面的鱼外，银龙鱼对蜥蜴、青蛙、蛇等也感兴趣。近一米的成鱼也会吃水鸟的幼雏和老鼠等小动物，因为热带地区的飓风常将陆地上的许多小动物卷入水中。除此之外，银龙鱼也会跃出水面捕食水面一米以上的蛇或大型甲虫类。遗憾的是，银龙鱼躲藏在浮草之下窥视水面上的昆虫，一瞬间跃出水面的泳姿，在鱼缸中是看不到的。在人工饲育的环境下，除了金鱼、蟋蟀等活饵外，还可以喂食磷虾、冷冻鱼肉、香肠、鱼卷、人工饲料等。如经过驯饵的话，还可以接受更多种的食物。银龙鱼在一季之中会产卵 1～3 次，每次 100～300 颗，卵径 9～10 毫米。产卵后 40～50 天内，公鱼会将卵含在嘴中，从孵化后一直到学习摄食行为开始之前，稚鱼在口中得到了最好的保护。这期间，亲鱼几乎不摄食，只是专心地守护着自己的孩子。

● 黑龙鱼（Black Arowana）

产于南美洲亚马孙河流域。黑龙鱼体长可达 90 厘米，首次发现黑龙鱼是 1966 年在巴西里奥河。

黑龙和银龙的成鱼外观比较难分辨，黑龙鳞片色泽稍黑一点，不同的是在幼鱼时期，黑龙身上略带黑色，有一条黄色线条从中穿过，此后黑色逐渐消退，鳞片渐呈银色，各鳍由灰色变成深蓝色，形状和银龙几乎一样。成龄后，整条鱼外观为银色，但体形长大时会趋向黑色带紫和青色，有金带，极具观赏价值。由于该鱼在幼鱼期有明显的黑色体纹，胸鳍下挂着卵黄囊，所以香港人称之为"黑龙吐珠"。

黑龙幼鱼

澳洲星点龙鱼

野生澳洲星点龙鱼

● **澳洲星点龙鱼**（Spotted Barramundi）

原产地分别为大洋洲的北部和东部。由于其个体间外表区别不大，习惯上都统称其澳洲星点龙鱼。

澳洲星点龙鱼体长可达 50 厘米，幼鱼极为美丽，头部较小，体侧有许多红色的星状斑点，臀鳍、背鳍、尾鳍有金黄色的星点斑纹。成鱼体色为银色中带美丽的黄色，背鳍为橄榄青，腹部有银色光泽，各鳍都带有黑边。

澳洲星点龙鱼属夜行性鱼类。性情凶暴，能咬伤比它大许多的鱼类。

澳洲星点龙鱼的生存需要弱酸性到中性的水质，pH6.5 ～ 7.5，硬度值 3 ～ 12，水温 24 ～ 28℃，亚硝酸盐含量以及氯含量最好为零。

● 亚洲龙鱼 （Asian Arowana）

1. 过背金龙鱼 （Malayan Golden Arowana）

过背金龙鱼的栖息地位于马来半岛西部，靠近加里曼丹和槟城中间名为卡普亚斯河水系的地方，其中心在武吉美拉湖和古伦河。马来西亚产的金龙鱼之中，鳞杠的金色杠缘一直延伸到背部，此形态是马来半岛亚洲龙鱼的独有特征，人们把金色鳞杠延伸到背部的龙鱼称之为过背金龙。

过背金龙鱼鳞片基底部的色彩有蓝底和金底两种。其中出现率越低的价值越高。在优良个体中，出现率最低的是鳞片基底部呈蓝紫色，鳞框是金色的蓝底过背金龙。蓝底过背金龙在幼鱼期，从下方观察可以见到略带蓝色的光泽，体长25厘米

过背金龙鱼

过背金龙幼鱼

以后就会呈现应有的蓝紫色鳞底，鳞框金色宽幅小的个体可谓魅力无穷。在亚成鱼时期，蓝底的个体随着成长，鳞框的金色会越来越明显，鳞框金色宽幅大的个体称为粗框。此种微妙色彩变化所呈现的蓝紫色不容易维持，饲养时的水质、照明、食饵等因素都会影响色素细胞的排列而产生变化，造成蓝色色泽隐藏起来。

金底色彩强烈的过背金龙鱼指的是从鳞框到鳞底都呈金色的个体。鳞底没有蓝色色彩，略带暗褐色。

2. 红尾金龙鱼（Redtail Golden Arowana）

红尾金龙鱼产自印度尼西亚的苏门达腊岛。其特征是臀鳍呈红色，背鳍和尾鳍上叶为黑褐色，背鳍基底附近的鳞片没有金色鳞框，从腹侧第五排以下鳞完全没有鳞框。野生红尾金龙主要分布在苏门达腊岛中部东岸，以北康巴鲁地方产量最多。其主要栖息地的五条河川里所产的龙鱼在色彩上多多少少有些差异，但是近年来这些特征在逐渐消退。

高背红尾金龙鱼是杂交品种。它的鳞片亮度从腹部数起可达四排半至五排，有些甚至背部会亮。目前对高背红尾金龙的出产尚无确切的定论，在中国台湾地区人们就认为高背红尾金龙鱼是过背金龙和红尾金龙的杂交品种。一般经销商则把它称之为宝石龙鱼。

要区分红尾金龙与高背金龙、过背金龙还是很容易的。过背金龙幼鱼时期，背

宝石龙鱼

红尾金龙鱼

高背红尾金龙鱼

鳍下方细小鳞片的金色鳞比较显著，高背金龙在幼鱼时期多多少少也会有一些金色鳞框。红尾金龙则是连一片鳞杠也没有，并且从幼鱼期开始，红尾金龙尾鳍的上下部分颜色是分开的，下叶略带红色，上叶则偏暗色。

红尾金龙的幼鱼售价比较便宜，并一直保有很旺的人气，是饲养金龙的入门品种。目前主要流通的鱼都是马来西亚和新加坡的人工繁殖鱼，品质相当高。

3．青龙鱼（Green Arowana）

青龙鱼又称绿龙鱼，是整个东南亚中分布最广的鱼。其主要产地在马来西亚东海岸彭亨州百乐镇的百乐湖（Tasik Bera）、斯里再也村（Sri Jaya）、兴楼弄边国

青龙鱼

家公园（Endah Rompin National Park）、大汉国家公园（Taman Negera）、丁加奴州吉地湖（Kerteh）、肯逸湖（Tasik Kenyir）和吉兰丹州白沙湖（Pasir Puteh）。不同区域的青龙外形虽然有一定的差异，但整体而言，这类龙鱼头形较圆，嘴部不尖锐。成熟后的青龙鱼，鳃盖为亮银色，体侧鳞片为透明中带青蓝色泽的斑点，鳞框不明显且带淡淡的粉红色，身体后面三鳍为褐中带灰蓝色，第四及第五行鳞片散发着优雅的淡蓝色光芒，最佳品质的青龙鱼于鳞片中心具有淡紫色调。青龙鱼的性情非常温驯，容易与其他鱼混养。

4. 红龙鱼（Red Arowana）

野生红龙鱼只产自印度尼西亚的加里曼丹和苏门答腊，目前野生品种濒临绝种，已列入《濒危野生动植物种国际贸易公约》（CITES）。按照野生产地略有不同，红龙鱼可分为辣椒红龙鱼和血红龙鱼。

辣椒红龙鱼产于印度尼西亚加里曼丹仙塔兰姆湖。成年龙鱼的体型较大，各鳍也较大，吻端比较尖翘呈汤匙头形，肩背部略为隆起，体高较高。幼年龙鱼头形较长，吻端尖翘，桃尾（菱形）。发色比较快，颜色偏亮红色。辣椒红龙鱼之所以取名为"辣椒"，是因为鱼的鳞片有着明显的底色，底色与鳞框之间颜色分明，正像市面上所见到的辣椒一样有着鲜明的红绿对比。不过，现在在人工繁殖下也有蓝底的。

血红龙鱼产于印度尼西亚加里曼丹仙塔兰姆湖以北、卡巴尔托卡兰附近的流域。其成年龙鱼体形比较修长，头形较钝。幼年龙鱼头形较圆短、扇尾。发色比较慢，颜色为厚重的暗红色。从名字上不难看出这类龙鱼红通通的，血红色的鳞片布满了身体。在顶级红龙鱼中，鳞框比较不明显，其发色会由鳞框一直延伸到鳞底。

红龙鱼身上的色彩通常快则一年、慢则十年才会完全显现，一般时间为四至五年。很多时候，鱼儿的色彩是渐次地先由黄转为橙，再从橙转为浅红，最后才转为深红色。当然也有鱼儿突然在一两周内全身转为红色，不过这种情况相对少见。因此，养红龙鱼要有耐心，只要是真正红龙鱼，变红是早晚的事。

小知识

按商品分类的红龙

超级红龙鱼（Super red arowana，也称一号红龙）

超级红或者一号红龙是养殖者和养鱼爱好者通用的术语，指纯血无杂交的红龙，包括了上面我们介绍的辣椒红龙和血红龙。

一号半红龙

超级红和黄尾或者青龙的配种，所以也称为班札红龙（Banjar Red）。基于配种的关系，这种龙鱼看上去简直就像是一条带有一块块红斑的黄尾龙鱼或者青龙鱼。一些等级较高的鱼可能还会像超级红一般长有红通通的鳍，但永远不可能会有红色的唇和触须。龙鱼身体后端各鳍上的黑色斑点都是依着鳍的形状而排列的，而真正的超级红龙鱼鳍上的斑纹与硬刺则成十字花样。

二号红龙

黄尾龙鱼和质量同等的青龙鱼配种而成。

金红龙

血红龙鱼与过背金龙鱼的配种。鳞片色彩除了粉红中略微带点蓝色外，鱼体上部的金色也比较深。

金红龙鱼

超级红龙鱼

紫艳红龙鱼

海象鱼

● 海象鱼

海象鱼会让人不由自主地想起古代的生物。这种鱼分布在亚马孙河流域，体长可达 500 厘米。这种鱼大得非常有气势，大到了所有跟它一起混养的鱼都好像进入了大人国。

南美洲的原住民一直认为海象鱼是最大的淡水鱼类。成长中的海象鱼最让人兴奋的地方就是随着年龄的增长，会由尾部向背部逐渐发色。先是出现红点，最后整个上半身都能变成紫红色，显示出气势磅礴的壮丽之美。

● 非洲龙鱼（African Arowana）

分布于尼罗河中上游和热带西非洲。虽然被称为龙鱼，但其外形和我们通常见到的龙鱼有所差别。非洲龙鱼吻端到背鳞前位置的轮廓不是直线型的，口部较大而不开裂，觅食时才会张开。体色为橄榄色带灰色而不是黑色。天然水域中的非洲龙鱼可长达 1 米，重 6 公斤。在水族箱中可长至 80 厘米。非洲龙鱼不吃小鱼而是吃浮游生物，如轮虫、红虫等，它的第四、第五鳃面的上部是螺旋状的类似于攀鲈科鱼类的呼吸器官，可以直接利用空气中的氧气。

养鱼篇

　　相信众多的龙鱼爱好者对于龙鱼的迷恋来源于它高贵霸气的泳姿、梦幻般的发色过程，以及福庆财旺的吉祥寓意。家庭培养优秀的龙鱼需要扎实的饲养基本功、恒久的信心和耐心以及相应的物质保障。

了解古老龙鱼的生理结构

　　龙鱼之所以被称为鱼类"活化石"，并不完全是因为出现年代久远。事实上大多数软骨鱼类在分类上比它更为原始，而龙鱼之所以古老的原因，是在其身上仍保留着许多原始鱼类才具有的解剖学特征，其中比较明显的就是具有低容水量拉链式的口部结构，再有就是龙鱼具有巨大的鳞片和不适合快速游动的鳍，这也是它被视为史前鱼类的重要特征。

　　龙鱼的内部结构较其他很多鱼复杂，我们接下来就分别了解它的鱼鳔、肠胃、肾脏和肝脏。

● 鱼鳔

　　鱼鳔是一个位于消化道上方的气囊，主要作用是保护鱼的肾脏，并保持平衡。有了它，龙鱼才可以在水中上下自由地游动。如果鱼鳔出了问题，则龙鱼就只能肚皮朝天浮在水面或者在水面不停地打转，而无法下沉到水中，这种状况根本无药可治，直到龙鱼耗尽了体力而死去。

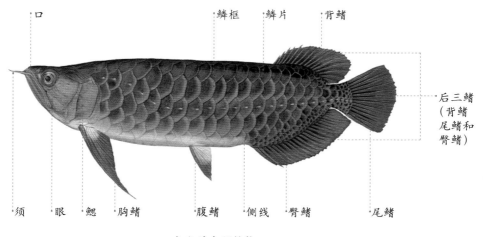

龙鱼的生理结构

● 肠胃

龙鱼是很少见的有胃的鱼类，所以像人类一样也会出现很多的肠胃毛病，比如厌食、发炎等症状。在这里特别强调，龙鱼的喂食一定要科学，不然很容易引起龙鱼的肠胃病。

● 肾脏和肝脏

像我们人类一样，龙鱼的肾脏和肝脏起着分解体内有毒物质和维持体液平衡的作用。它们在龙鱼的身体内非常重要，一旦出现问题，龙鱼便会因体内毒素过多或体液无法保持平衡而死亡。

 # 水质的调节与管理

俗话说，养鱼先养水。水是鱼类赖以生存的环境，较好的水质能减少鱼类疾病的发生，更有利于鱼类的生长。评价观赏鱼的健康程度和观赏价值首先要观察水的品质，龙鱼是高档的大型观赏鱼，分泌物、排泄物、食物残渣都会比一些小型鱼要多很多，观察水的品质更为重要。水族箱里的水体环境要比所养鱼类的天然环境更难控制，这就要求我们要调控出比天然环境更优良、更利于我们观赏的养鱼用水。

其实龙鱼是适应能力非常强的鱼类，你需要营造的是稳定的水质条件，培养稳定健全的微生物链，创造稳定的水族生态系统，确保有益菌占主导地位，从而抑制有害菌的生长。通过规律性管理，把各项水质指标控制在合理的范围之内，保持水质的长期稳定，

龙鱼专用水族箱

上部过滤器

就能满足"养龙"的要求。

　　水质的好坏可以根据水体的氨、亚硝酸盐、硝酸盐浓度、pH（酸碱度）、溶解氧、有机物耗氧量、透明度等指标来衡量。

建立稳定的硝化系统 　　　　　　　　　　　　〉〉〉

● 影响健康硝化系统的主要因素

1. 氨

　　龙鱼排泄物、残饵等有机物被异养性细菌分解成氨。水中氨的浓度对龙鱼有很大影响。氨的浓度为零时，龙鱼状态健康，活泼好动，食欲旺盛，鱼鳍尤其是龙鱼的后三鳍舒展度好，各种生理表现正常；氨的浓度为 0.0005‰～0.001‰时，龙鱼开始出现紧迫感，呼吸加速，缩鳍；氨的浓度为 0.002‰～0.003‰时，龙鱼就会有明显的紧迫感，不但呼吸加速，缩鳍，而且会出现细菌感染等并发症，严重时会危及生命；氨的浓度为 0.004‰～0.005‰时，龙鱼的死亡概率就会达到 50%；氨的浓度超过 0.006‰～0.007‰时，龙鱼的死亡概率就会更高。氨的毒性反应还表现为龙鱼体表灼伤、黑斑、鳍裂，没有方向地转小圈洄游、趴缸或跳缸等。

2．pH

经研究和试验证明，龙鱼对氨的耐受程度和水的pH存在反比例关系，也就是说pH增加，龙鱼对氨毒性的容忍范围减低。pH高时，氨可转化为对龙鱼有很大毒性的分子态氨，抑制龙鱼生长，损害鳃组织，加重鱼病。分子态氨在致死浓度下，会使龙鱼急性中毒死亡。龙鱼在发生氨急性中毒时，表现为严重不安。在这种情况下，如pH呈碱性，具有较强的刺激性，使龙鱼体表黏液增多，体表充血，鳃部及鳍条基部出血明显。

下面引用一组数据：

pH为7.0时，氨浓度不能超过0.004‰；

pH为7.2时，氨浓度不能超过0.003‰；

pH为7.4时，氨浓度不能超过0.002‰；

pH为7.6时，氨浓度不能超过0.001‰；

pH为7.8时，氨浓度不能超过0.00075‰。

氨形成以后，为亚硝酸菌提供了食物。以新开的龙缸为例，开始的时候，亚硝酸菌繁殖的速度比氨的形成速度慢，氨浓度升高，到第8天左右，氨浓度达到一个峰值。接下来，由于亚硝酸菌分解和消耗氨的速度超过氨的形成速度，氨的浓度逐渐下降，第14天左右，氨被逐渐减至零。

测试剂是测量水质指标的必要材料

龙鱼

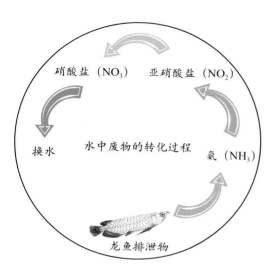

硝酸盐（NO₃） 亚硝酸盐（NO₂）

换水 水中废物的转化过程 氨（NH₃）

龙鱼排泄物

3．亚硝酸盐

亚硝酸盐对龙鱼的毒性比氨的毒性更具伤害性，3～5毫克/升就可以致命。亚硝酸盐中毒，龙鱼会出现缺氧症状，呼吸急促，游在上层（浮头）。鳃丝呈褐色而不是正常的鲜红色，这是因为亚硝酸盐损伤了龙鱼的鳃，形成了鳃部肿胀，破坏龙鱼的携氧能力，造成龙鱼肝脏及鳃部出现异变如空泡化，进而造成龙鱼死亡。

4．硝酸盐

硝酸盐一般没有毒性，也有容忍的范围，安全范围为0.04‰以下。超过安全范围时，龙鱼也会有紧迫感，不爱游动，鱼鳍上出现红斑或血管充血，免疫力下降。

5．硫化氢

硫化氢是一种带臭鸡蛋气味的可溶性的有毒气体，龙缸内产生硫化氢的原因大致有以下两种情况：一是存在于底砂中的硫酸盐还原菌在厌氧条件下分解出硫化氢；二是异氧菌分解残饵或粪便中的有机硫化物。

● 硝化细菌的使用

市售硝化细菌制剂可分为活菌及休眠菌两种。活菌是利用细菌的活体制成，在显微镜观察下，可看到它们的活动情形。休眠菌在显微镜的观察中，无法看到它们具有活动能力。鱼友可以根据自己的需要选购使用。

活菌多数为液态制剂，选择活菌的好处是除氨效果迅速，最适合于氨浓度过高的紧急情况下使用。但是由于活菌对氧气的要求十分严格，尤其是硝酸菌属的细菌只能在氧气充分的情况下才能生存，因此，要将活菌保存并制成产品，常有保存时间的要求。所以在购买这类产品时，要特别注意它的有效使用期限，如果使用过期产品，对除氨就没有任何效果。

过滤箱中滤材的摆放和各种滤材

休眠菌多为干粉状，其优点是能耐久藏，失效的问题相对不用担心。不过，休眠菌变成活菌所需的活化过程可能需要一定的时间，其发挥效力就会相对缓慢一些。休眠菌的保存期限约为一年，使用时需注意商品所标明的使用期限。

● 规律喂食和换水

换水的频率和多少要和饲养密度、喂食的情况结合起来考虑，饲养密度大或是喂食量大，水体内的有机废物就相对较多。氨、亚硝酸盐、硝酸盐的含量也会比较高，这种情况下，换水量就应相应增加，比如每次换掉三分之一，但最多不应超过一半；换水频率也要相应增加，比如每五天就要换一次。反之，饲养密度小或是喂食量小，硝化细菌的食物不充足，频繁大量地换水反而会使硝化系统不稳定。

换入的新水一定要经过晾晒处理，去除自来水中漂白粉所产生的氯。新水进缸一定要"慢"，防止温度和pH剧烈变化引起龙鱼的不良反应。

● 滤材配置

众所周知，弱酸性的软水更适合龙鱼饲养，因此众多的龙鱼爱好者为营造龙鱼原生地的水质条件孜孜以求、精益求精。在选择滤材配置时，我们首先要对饲养龙鱼的水源、水质状况做到心中有数，其酸碱度、软硬度究竟是多少，需要增加还是减少，调高还是调低。掌握了这些情况，才能有的放矢。其次是要了解各种滤材的功效性能，掌握各种滤材的系数，才能为营造理想水质打下良好的技术基础。

● 过滤泵的排量

理论上说，水泵应该是排量越大处理能力越强，在单位时间内流过滤材的水量越多，被处理的水体容积就越大。但实际并非如此，因为过快的水流会把未经处理的水又带回到原缸中。在常见的底部过滤中，过滤泵每小时排量为水族箱和底部过滤槽总容积的 2～4 倍处理效果最佳；滴流过滤则以 2～3 倍为宜；至于桶式过滤经过实践检验，3～7 倍比较适合。但是必须结合实际的饲养密度决定，因为一定的水体容积所承受的饲养密度是一定的，想要达到理想的水质标准，常规的水质检验不可缺少。

● 有机结合多种过滤形式

有过底部过滤使用经历的龙鱼爱好者往往都会有这样的感受，即使底部过滤槽的容积做得再大，滤材摆放再多，随着时间的推移鱼类排泄量的不断增加，跌酸都难以抑制。因为暂时硬度（KH）的缓冲作用被打破，pH 会出现短时间大幅度下降的态势，即使你更换滤材，清理底砂，增加换水频率，也只能起到暂时缓解作用。一旦疏忽大意就会给龙鱼带来灭顶之灾。

但是这种状况在滴流过滤中却能够得到很大改观。因为滴流过滤属于干湿过滤，由于水体充分和大气接触，不但溶解氧大幅度增加，同时有利于二氧化碳的逸散，从而在一定程度上预防了跌酸的发生。但是底部过滤和滴流过滤的缺点同样显而易见，由于缺少对表层水的处理能力，从而造成有机质在水体表面大量积累，受到水体表面张力的作用，很容易形成油膜，为有害菌在水体表面的繁衍创造了条件。所以在实际操作中，如果利用桶式过滤结合油膜清除设备或是底滤、滴流两套过滤设备同时运作就能很好解决这个问题。可见良好的过滤需要多种过滤形式的有机结合，因此，想要设计一套合理实用的过滤系统，就需要建立兼顾表层、中层、底层全方位水体过滤的设计理念。

保持稳定的 pH　　　　　　　　　　　　〉〉〉

● **pH 的重要性**

水的 pH（酸碱度）是水质的重要指标，这是因为水中的 pH 与水体中存在的微生物及其生化反应过程有关，对龙鱼饲养有着很大的影响。

饲养龙鱼 pH 一般控制在 5.5～8.5。pH 过高或过低，对龙鱼都有直接的伤害，甚至会造成死亡。pH 过低的水可使龙鱼血液中的 pH 下降，削弱其血液载氧的能力，造成龙鱼出现生理缺氧症。尽管水中的溶解氧较高，但龙鱼仍常浮头；由于血液载氧能力低，耗氧也低，新陈代谢功能下降，龙鱼处于饥饿状态。pH 过高的水则可能腐蚀龙鱼鳃部组织，使龙鱼失去呼吸能力而死亡。另外，水中的 pH 过高或过低，均会造成水中微生物活动受到抑制，有机物不易分解。pH 高于 8，水中大量

 小知识　　在热带河流附近有许多死亡腐烂的植物，这些植物释放单宁酸将河水染成茶色，并呈酸性，因此很适合龙鱼生存。

龙鱼原产地充满腐殖质的酸性水源

的氨会转化为有毒的非离子态氨（NH_3）。pH低于6时，水中90%以上的硫化物以硫化氢（H_2S）的形式存在，增大了硫化物的毒性。所以，龙鱼饲养中水质的pH是至关重要性的一环。

● 影响pH的主要因素

决定pH的因素很多，但最主要的是水中游离二氧化碳和碳酸盐的平衡系统，以及水中有机质的含量和它的分解条件。二氧化碳和碳酸盐的平衡系统根据水的硬度和二氧化碳的增减而变动。二氧化碳的增减又是水中生物呼吸作用、有机质的氧化作用和植物光合作用的强弱决定的。

一般来说龙缸的pH过低，说明水有可能硬度偏低、腐殖质过多，溶解二氧化碳（CO_2）偏高而溶氧量不足，鱼的密度过大以及微生物受到抑制，整个物质代谢系统代谢缓慢。如果pH过高，或硬度较高，说明藻类等繁殖过于旺盛，光合作用过强或者水中腐殖质不足。

● pH异常的危害

pH偏高或过高，龙鱼会出现碱中毒的症状：受刺激且狂游乱窜；体表黏液大量增生甚至可拉成丝；鳃盖腐蚀损伤、鳃部大量分泌凝结物；当pH大于9时，水体明显呈碱性，此时水体中存在许多死藻和濒死的藻细胞，严重影响水体质量。

大型软水树脂罐

pH偏低或过低，龙鱼会出现酸中毒的症状：体色明显发白；水生植物呈现褐色或白色；水体透明度明显增加。pH小于4时，水体呈酸性，同样会出现许多死藻和濒死的藻细胞，影响水质。

降低pH的常用材料

调控水质的几种常用方法　　　　　　　　　>>>

①调节水质的主要方法是在硝化系统完整建立的基础上，通过物理（如逆渗透过滤等）、化学（如二氧化碳发生器等）、生物（如添加微量元素和有益菌等）等方法使水质的各项指标达到一种更为理想的状态。前两种方法依赖性太强，设备和添加剂等手段一旦停用，水质调节效果会很快反弹。

②添加软水树脂、珊瑚砂、黑水、草泥丸、草酸泥炭苔、榄仁叶等水质调节物质时，一定要先少后多，而后稳定到一定的添加量。因为添加这些物质会引起水体微生物环境的变化，这种变化如果过于剧烈，会造成水质震荡并引起龙鱼的不适。比如以200厘米×60厘米×60厘米的水族箱为例，第一次添加黑水，可以先加一半的用量，观察水体（如水的颜色、清澈度、藻类的变化等），第二次换水时再酌情增减用量，

产自马来西亚的沉木是腐败植物的根，可以用来保持水质的酸性

适应后稳定用量。

③不要使用短时间内可引起水质巨变（如pH一下从8.0降到5.0）的添加剂。

 保持稳定的饲育环境　　　　　　　　　　>>>

　　饲育环境指的是水族箱内部和外部的环境。内部环境包括背景、底砂、沉木、水草、水流方向、光照规律、混养伙伴以及水流声音的大小等所营造的环境氛围。外部环境是指水族箱可视面周围的景物。

　　在龙鱼的整个生命周期中，幼龙期（15～30厘米）对周围环境的变化最为敏感。随着成长，这种由环境变化引起的紧张情绪会逐渐缓和。幼龙期和中龙期（30～45厘米）是龙鱼成长的黄金时期，在稳定的环境下龙鱼食欲旺盛，生长迅速。因此，这也是龙鱼成长的关键时期。在这段时间内任何环境的改变都会造成龙鱼的精神紧张，由此产生趴缸、跳缸、呆滞鱼缸一角、缩鳍、易惊、拒食等应激反应，造成生长迟缓。如果因环境变化，错过了黄金生长期，要想培养大体型的龙鱼就非常困难了，这对于追求大龙的龙鱼迷是一种巨大的损失。中龙大约在两年以后生长速度趋于迟缓。因此一旦龙缸设立，就应该尽量保持环境的稳定，尽量克制自己任何试图改变的欲望，任何的清砂、种草、更换背景、变动设备、增加或者减少混养伙伴都有可能造成严重的影响。

　　环境变化对龙鱼发色的作用同样不容忽视，龙鱼是不折不扣的"变色龙"。龙鱼的体色从早晨到黄昏，从黑夜到黎明，无时无刻不在随着周围环境的改变而改变。为了生存的需要，龙鱼必须时刻使自己的体色尽量接近周围的环境，以免被敌害发现。如果你仔细观察，会发现黎明初时，龙鱼体色非常淡，直到天明才逐渐恢

 小知识　　龙鱼的食欲和水温有关，水温越高，龙鱼食欲越旺盛，生长速度也越快。但过高的水温会使水中溶解氧数量减少，故此，虽然我们希望小龙鱼快些长大，但也不能让水温太高。

大水体中成群饲养龙鱼时，水质比小水体更容易保持稳定

复。因此营造一种稳定的、有利于体现龙鱼体色的环境氛围就非常重要了。采用黑色的背景，红色植物灯保持每天 8 ～ 10 小时的固定光照，利用"黑水"塑造的幽深氛围更容易体现龙鱼的艳丽体色。

 ## 保持稳定的管理规律 　　　　　　　　　　　　　　　〉〉〉

　　龙鱼的管理要有规律：保持规律性光照、规律性喂食、规律性换水；定点、定时、定量、定质地喂养对于龙鱼的健康成长十分有利；根据过滤系统的承载力和饲养密度的大小，确定换水周期的长短和换水量的多少，这样有助于保持水质的良好与稳定，对于龙鱼的成长和发色很有帮助。随着龙鱼的不断成长，排泄量增加以及季节变换和饲养用水酸碱度的波动，换水周期和换水量也要做适度调整。

 龙鱼的饮食与调配

● 虾类

虾是龙鱼的主要食物之一。虾的种类繁多，是一种蛋白质非常丰富、营养价值很高的食物，其中维生素A、胡萝卜素和无机盐含量较高，脂肪含量极低，且多为不饱和脂肪酸。把虾买回家后，用清水冲洗，冷冻时不要含水一起冰冻，可以把虾装进塑料袋里冷冻，细菌及寄生虫基本也就被冻死了。每次购买的虾数量不宜过多，足够让龙鱼吃一周左右就好。喂养的时候必须摘除虾枪及虾尾，不然很容易伤及肠胃，使龙鱼患肠炎。喂小龙时除了虾枪及虾尾，最好将虾壳也去除，或选用比较小的河虾作为主食。

● 蟑螂

蟑螂是龙鱼饲料中不错的选择之一。由于蟑螂体内含有特殊的蛋白质和酵素，特别是粗蛋白的含量很高，中龙以后多喂食蟑螂可以提高龙鱼的肌体免疫力，促进龙鱼的生长发育，对于龙鱼的发色和金质有着一定的催进作用。不过由于蟑螂的适口性非常好，所以小龙阶段最好不要多喂养，以免导致长成以后偏食。另外，活捉的蟑螂注意不要受到药物污染，并且在饲喂时最好去除所有的腿再投饵，不然龙鱼吞食时被蟑螂腿卡喉，处理起来会很麻烦。

● 金鱼

金鱼是龙鱼的美味佳肴之一，其营养价值比一般的鱼高，以金鱼来作为活食，

虾　　　　　　　　杜比亚蟑螂　　　　　　　小金鱼

38

养龙鱼的成本就会提高。不过市场上也会有大批量的低档小金鱼（金鲫鱼），它们的价格不会很高，作为活食其花销与小河虾大致相同。小金鱼买回家后不要马上投喂龙鱼，因为金鱼作为观赏鱼饲养，不受食品安全法约束，在生长过程中势必会接触大量毒害性的药品。如果金鱼买回来就直接喂龙鱼，有害物质就会在龙鱼的体内沉积，影响龙鱼的寿命。所以我们买回小金鱼后，必须调养一段时间，每天换水，同时配备过滤循环，让金鱼把体内的毒素代谢出去。另外金鱼不宜做长期主食，一旦处理不妥，容易让龙鱼体内生寄生虫，或是由于骨刺太大而伤及肠胃，治疗比较麻烦。

● 面包虫

面包虫是龙鱼最爱的食物之一。面包虫体内富含多种氨基酸，特别是色氨酸和苏氨酸，维生素含量也很高。幼虫含粗蛋白51%，脂肪28.56%；蛹含粗蛋白57%；成虫含粗蛋白64%，简直可以说是营养的宝库。龙鱼在野生环境下，昆虫就是龙鱼食谱中重要的一部分。人工投喂面包虫，让龙鱼回归了其天然习性。但面包虫也不宜作为龙鱼的主食，以免龙鱼由于偏好而暴食上火，影响健康。

● 大麦虫

大麦虫也是龙鱼理想的主要昆虫饲料，其营养跟面包虫大同小异，含有丰富的甲壳素和少量虾红素，可以作为龙鱼的副食。

● 泥鳅

泥鳅是龙鱼补品之一。泥鳅是一种营养价值较高的鱼类，有"水中活人参"之说，其维生素B$_1$的含量比鲫鱼、黄鱼、虾类还要高，维生素A、维生素C也较其

面包虫　　　　　　　　大麦虫　　　　　　　　泥鳅

他鱼类高，并含有蛋白质、脂肪、钙、磷、铁等营养成分。不过，用活泥鳅直接饲养风险很大。泥鳅的生命力超强，甚至被龙鱼活吞后都可以在龙鱼肚子里长时间存活，并且不停蠕动，最终穿透鱼肠，造成惨剧。所以，为了防止悲剧发生，饲喂泥鳅前一定要将其杀死，或是提前冷冻储存，随取随用。

● 蟋蟀

蟋蟀也是龙鱼比较喜爱的昆虫。蟋蟀富含丰富的蛋白质，体内的天然红色素，可以稍微增加龙鱼体色，但是由于有季节性的限制，所以蟋蟀最适合作为夏、秋两季龙鱼换口的零食。另外蟋蟀外壳比较硬，适合喂中鱼期或以上的龙鱼，如果要喂食小龙鱼，可以先饲养一段时间，然后选取刚刚蜕皮的软嫩个体。

● 青蛙

青蛙也是龙鱼的大补品。青蛙以其肉质细嫩胜似鸡肉，被称为"田鸡"。青蛙含有丰富的蛋白质、糖类、水分和少量脂肪，肉味鲜美，在龙鱼创伤时具有比较明显的调理作用，对治疗地包天的龙鱼也有一定的恢复作用（尤其是初期相对效果更好）。然而，青蛙体内寄生虫含量比较多，喂食时必须消毒处理，最好的办法就是去除表皮及内脏，仅留用多肉的大腿部分，或是提前冰冻消毒，饲喂时随时解冻。

● 小甲鱼

小甲鱼也以可作为龙鱼的药膳。喂养小甲鱼同样对于治疗初期"地包天"的龙鱼有一定的改善作用。此外甲鱼的营养丰富，蛋白质含量高，是不可多得的饵料佳品。需要注意的是由于其蛋白质含量过高，所以同其他的高营养饵料一样，不可多喂。

蟋蟀　　　　　　　　　　青蛙　　　　　　　　　　小甲鱼

气势不凡的龙鱼

成年龙鱼成群饲养在一起，场景十分壮观

未发色的幼年红龙

 ## 龙鱼的日常养护

养龙鱼不是朝夕之功。在长久的饲育经验中，培养一只神形兼备的优质红龙鱼需要付出相当的心力和物力。挑选一只基因优良、发色潜力明显的幼龙鱼作为培养对象是重中之重。否则即使你付出再多的心力，也会付诸东流。

如果已经选择了这样的优质龙鱼作为培养对象，剩下的就是"养功"。一只优秀的龙鱼个体应该是眼神明亮生动，鱼体健壮而不肥硕、标致而不瘦弱，神形兼备，气宇轩昂。那么培养的理念是什么？在保证遗传基因优良的前提下，保持优良水质，合理利用环境，多样化饮食，保证营养均衡，同时饲养者保持良好的心态和持之以恒的精神。

 ### 幼龙期的养护 〉〉〉

● 水

幼龙期（15～30厘米）是龙鱼的黄金生长期。在此期间应该适度保持较高的水温，以30℃为宜；保持适当高一点的换水频率，根据饲养密度的大小，基本每周需要定期更换 1/5 ～ 1/4 的水，以刺激幼龙的新陈代谢，提高对环境的适应能力。

● 食物

幼龙期食物的选择以动物性食物为首选，麦穗鱼、金鲫鱼等活饵是最好的选择，不仅营养丰富且便于消化，幼龙食用之后生长迅速。而对于大麦虫、虾类等适口性更高的饵料，幼龙时期不宜过早喂食，否则一旦嘴巴喂刁，容易造成偏食，营养摄取不均衡，生长趋于迟缓。幼龙的饲喂频率以多餐少食为宜，每天 2 ～ 4 餐，每餐 8 分饱。

● 发色

观察幼龙发色是一件极其美妙的事情，其过程惊心动魄，其结果赏心悦目，给饲育者所带来的欣喜是难以言表的。

龙鱼的发色一般在 25 厘米左右，也有很多龙鱼在更小的时候开始发色，有些龙鱼则发色要晚一些，根据实践经验，发色的早晚不是发色优劣与否的标准。只不

混养的龙鱼苗

食欲旺盛的幼鱼

过早发色会给饲育者带来欣喜，更让人喜欢。幼龙的发色，以红龙来说，基本以黄色或者橘红色开始，最初从鳃盖A字区的竖缝处出现变色，有的类似喷粉状逐渐向周围扩展，有的形成片状分布，直至扩展到软鳃的外边缘。含有原始血红龙基因的龙鱼，会出现类似点状的发色形式，但现在市场上已经非常少见了。对金龙鱼，特别是过背金龙来说，所谓的发色就是指全部五排鳞框同时开始非常明显地突出。这个过程有时相当迅速，以至于当你发现时亮框可能已经爬到了第六排！同时背鳍下方的珠鳞开始闪亮，一粒一粒散发出美丽的金属光泽。

饲养者们出于对幼龙发色的期待，逐渐产生了"快养"和"慢养"两种趋势。两种饲养手法也许并没有高低优劣之分，但产生的结果确实存在着一定差异。从发色速度和发色质量两方面来说，"快养"的发色速度一定是快了，但由于生长速度过快，色素得不到充分的积累，导致色彩厚度明显被拉薄；而"慢养"虽然需要花费更多的时间来等待，但由于色素积累得比较扎实，所以发色表现得更加厚重。

发色中的红龙幼鱼

过背金龙幼鱼

总之，不管"快养"还是"慢养"都没有问题，但无论哪种方式都不能过度：过度的"快养"，会造成营养过剩，出现肥龙；过度的"慢养"会造成营养不良，给人以侏儒的表现，难以养出我们喜欢的精品龙鱼。

● 适应期调整

新"请"回家的小龙鱼入缸后的一段时间，许多朋友都会存在着困扰的问题：明明在鱼商那里龙鱼是好好的，活泼可爱，游动自如，但回家后怎么就不吃东西、不爱游动了呢？

实际上，龙鱼并不像其他鱼，它们生性比较胆小，属于神经敏感的鱼类。特别是小龙鱼，一旦受到外界或环境因素影响容易受惊而乱闯乱撞，甚至长时间拒食。这些情况的发生也许可以从我们自己身上找原因：龙鱼属于高价鱼类，所以养龙之人终于得到一条新的龙鱼，都很兴奋，小龙鱼一请回家便放到缸里，喜欢开着灯时刻盯着龙鱼，时常靠近缸边，它不爱游就拍拍缸；还有，刚入缸就喂养也是不正确的。

小龙鱼在新环境里会存在许多忐忑不安的心理，其表现为：一段时间不吃东西，趴缸磨缸，受惊吓而跳缸，严重的甚至会造成掉鳞、断鳍、自切（即整片鱼鳍全部脱落），等等。

小龙鱼刚请回家后不要太急于靠近它，除非看得出它一副不怕人的样子，否则最好先让其安定下来并适应环境。观看时得慢慢靠近，不要在缸边比画动作，这样很容易使小龙鱼受到惊吓的，特别是小过背龙鱼，在这一点上更要注意。同时第一天不要喂食，到了第二天，就可以尝试喂它一点点，量不能多，只给它正常食量的20%～30%，如果它不吃也不用紧张，因为龙鱼还没适应环境。入缸的第一天最好不要开灯，让其安定情绪，如果你一开始就用大缸养，小龙鱼会有一段时间内出现不怎么爱游动、容易受惊、侧游等情况，这说明小龙仍然处于紧张状态，缸大鱼小的情景下，小龙鱼比较孤独怕人，可以挑选几条混养鱼与龙鱼做伴，如小鹦鹉鱼或是其他适合与龙鱼混养的鱼类。如果准备只养一条龙鱼的话，小龙鱼回家之前可以先用隔板隔出40～60厘米的小空间，先让其适应环境，等觉得龙鱼习惯了就可以把隔板拿掉。

　　小龙鱼可以每3～4天换少量的水，水管伸进缸中的时候须观察小龙是否有紧张心理。如果紧张，动作要轻缓；如果它紧张得乱闯，那么这个时候要中断换水，慢慢远离缸边后观察，等其状态正常后，抽水管距离小龙越远越好，如果顺

健康的红龙幼鱼

利就可以抽水换水了；打开缸盖的时候动作也要轻。总而言之，这一阶段一定要细心。

到了晚上关闭鱼缸灯光之时，最好先开启附近房间里的灯光，过一会儿再关闭龙鱼缸的灯光，关闭龙鱼缸灯光之时同时开启小夜灯，最后再关闭房间的灯光，让小龙鱼的眼睛对光线有个过渡阶段，也能起到缓解紧张，对防止掉眼也有好处。关灯后人最好离开缸边，不要在缸边来回走动，小龙鱼对移动物体或移动影子特别敏感，特别是在关灯的时候，很容易受惊。

慢慢地，随着小龙鱼跟主人熟了，不怕人了，你的手放在缸的左边，它就游到左边，你的手摆在右边，它就游到右边，它饥饿了会焦急地看着你。到了那个时候，你就可以放心地在缸边来回走动，或坐在缸边欣赏它。龙鱼在游动时每一枚鳞片都会散发出来迷人的魅力！

 ## 中龙期的养护　　　　　　　　　　　　　　>>>

中龙期（30～45厘米）发色和成长同样重要，这个时期可以适当降低温度，28～29℃比较理想，夏季应该采用必要的降温措施。水温过高，龙鱼会有明显的褪色现象。饮食上需要对食量做出适当限制，可以添加一些昆虫作为辅助饵料，但一定要明确过快的生长不利于色素层的堆积，无论视觉效果还是实际表现，发色太快都会给人惨淡的感觉。中龙期以鱼虾做主食，以昆虫做副食是最好的选择，营养的均衡是健康成长和发色的基础。为了避免龙鱼嘴刁偏食，投喂的原则为先给不爱吃的（小鱼小虾），再给爱吃的（蟋蟀、大麦虫），不吃鱼虾则什么也不给。每天1～2餐，每餐7分饱。

大约长至30厘米，红龙的第一鳞框出现发色迹象，一般在第二至四排鳞片的第一至第三纵排开始。开始时没有明显的界线，此后会逐渐明朗，并向尾部铺展。龙鱼长至40～45厘米，第二鳞框逐渐开始发色，有从第一鳞框向鳞底蔓延的趋势，明显地感觉色素带的宽度增加了。原生的红龙鱼发色的周期是相当长的，有的要5～8年甚至更久。现在随着人工繁殖不断提纯改良，发色速度已大大提高。尽

管如此，红龙鱼的发色过程依旧是波浪形的，受到各种条件的制约，有时候甚至会有明显的褪色现象，其主要受到水温、环境、食物、生长速度、换水量、水质等因素的影响，不断褪色、增色，直到整个发色周期完成。而过背金龙鱼如果是血统非常优异的白金级过背金龙鱼，在 30 厘米左右时，它的第六排鳞框应当已经全部发亮，同时头部也可能出现或多或少的金斑，我们可称之为"金头过背"。从鳞片上看，背鳍下方的珠鳞已经完全闪亮，细腻耀眼，而第二鳞框更是开始明显地吃底，气势澎湃逼人。近年来繁殖过背金龙的渔场用强光照射龙鱼的幼鱼，以至于这些被强光"照大"的龙鱼无一例外都非常早地就完全发色，在 30 厘米的时候不仅六排鳞框发色，金头的表现也是格外出色。但是这样的"好鱼"是人工制造出来的，是禁不住时间考验的，饲养周期一长，它们就会"原形毕露"，闪亮的金色褪去，露出原来"蓬头垢面"的本色，我们称之为"反垢"。各位爱好者千万不要购买这样的龙鱼，在分辨的时候注意观察鱼鳞色质的厚度，如果亮闪闪的鱼鳞看上去颜色却

龙鱼与其他鱼的混养

很单薄惨淡，那么一定就是赝品。

 ## 成龙期的养护 〉〉〉

  45厘米以上的成龙生长速度明显趋于迟缓。这个时期可以适当延长换水周期，减少换水频率。控制28℃的水温，用低pH的老水培养，发色更优秀。食物的供给要多样化，动物性饵料、昆虫类都可以，但过度的喂食依旧会造成脂肪累积，因此适当的饥饿感对于保持食欲、控制体形和健康非常必要。每天一餐，每周停喂两天，每次五六分饱基本能够满足营养的需求。这个时期的喂养重在质不在量。

  正所谓玉不琢不成器，回顾整个龙鱼的培养历程，不同的生长阶段，需要不同的水质条件，不同的营养搭配，合理运用灯光，恒久的心力付出，巧妙利用不同饲养技巧。只有这样用心雕琢，才会让龙鱼的风采在我们面前显现无遗。

眼睛明亮的健康龙鱼

 ## 龙鱼饲养中常见问题及处理方法

在龙鱼的日常饲养过程中，总会有这样或那样的问题困扰着刚踏入饲养门槛的龙鱼爱好者。

 ### 趴缸　　　　　　　　　　　　　　　　　　　　　　　　>>>

趴缸是龙鱼日常饲养过程中的常见现象。多数不能算作疾病，但是看着心爱的龙鱼无精打采地趴在缸底，对龙鱼爱好者来说是一种打击和折磨，毕竟有谁不想欣赏龙鱼那充满霸气的高贵泳姿呢？

● 趴缸的原因

①水质不适。大量换水、大量更换清洗滤材，会引发水质大幅度动荡。老水缸换

水过后更容易出现水质大幅度动荡。老水缸的pH较低，换水后pH波动超过0.4时很容易出现龙鱼趴缸现象。另外新龙鱼入缸后出现的趴缸现象，同样是水质不适的直接反应。

②精神紧张。龙鱼对鱼缸内外环境以及周围环境的变化比较敏感。水族箱内部环境的变化，如设备的变动，水流、光线强弱的变化，增加或者减少了混养鱼，甚至水族箱外部环境的改变都可能造成龙鱼的紧张，从而发生趴缸现象。因为在自然界中，任何生物都存在天敌，使它们的精神时刻处于戒备状态。这是精神紧张产生的缘由，周围一些异常声光信号的突然出现，使龙鱼受到惊吓，从而会伴随趴缸。另外白天经常趴缸而晚上比较正常的龙鱼多是由于精神问题造成的。

③疾病。因为疾病，龙鱼往往也会有趴缸的现象，这种趴缸的现象有别于上面说到的两种情况，应该仔细观察龙鱼的体表有无明显的变化，龙鱼食欲的好坏往往最能说明问题。

● 处理方法

①保持水质的稳定。避免大量换水，老化的滤材要用原缸水少量分批清洗

造浪泵可以保证龙鱼合理的运动量

或者更换。避免硝化系统破坏造成水质不稳定。换水速度不宜过快，保持规律性换水。

②保持环境相对稳定。一旦龙鱼入缸，鱼缸周围的环境就不要频繁地改变。环境的稳定对于龙鱼情绪、促进龙鱼食欲都非常有利。尽量避免水族箱周围异常声音和景物的突然变化。

③仔细观察对症治疗。龙鱼趴缸不仅让养殖者和欣赏者感觉不舒畅，对于龙鱼来说，因趴缸缺少运动，造成食欲下降、体形肥胖，间接影响到龙鱼的健康。因此可以通过增加冲浪泵加大冲浪水流来迫使龙鱼增加运动。龙鱼身体恢复健康，自然也就没有了趴缸的情况。

 龙须打结弯曲、长瘤以及唇部长瘤 〉〉〉

挺直的龙须是龙鱼帝王般威严的象征，但是往往有很多龙鱼饲育者受到龙须打结、长瘤以及唇部长瘤的困惑。

● 龙须打结、长瘤以及唇部长瘤的原因

①长期水质不良。由于饲育者疏于管理，饲养密度较大，换水没有规律，换水周期较长，造成水中硝酸盐浓度高。龙须打结、长瘤以及唇部长瘤多发生在水质老化的水族箱里。

②水质波动大。大量换水、大量更换清洗滤材，从而引发水质大幅度动荡。

③磨缸。龙鱼有上下磨缸的习惯，容易造成局部组织增生。

④水流过强。水族箱里冲浪的水流过强，龙鱼难以适应。

● 处理方法

①做好水质管理工作。通过少量、多次换水，调整水质，比如每天换水 1/5，连续换几次，使老化的水质得到改善；保持规律性换水，确保水质优良；避免大幅度调整水质、大量清洗更换滤材，保持水质稳定。

②调整饲养密度。控制合理饲养密度，让龙鱼有良好的生存和生长空间。

③适当控制水流强度。

拒食　　　　　　　　　　　　　　　　　　　　　　>>>

　　龙鱼拒食是比较让人感到头痛的。有的龙鱼短至十天半月，长至半年以上没有食欲，给饲育者造成了极大的心理负担。

● 拒食的原因

　　①缺少竞争。自然界中的龙鱼迫于自身生存的需要，对于食物的渴望非常强烈。而在单养缸里没有竞争对手的存在，长期美食、饱食的"养尊处优"，把食欲消耗殆尽，久而久之容易造成厌食。

　　②食物单一。如果长期食物单一，龙鱼见到平时非常喜爱的食物也不狼吞虎咽，而是细嚼慢咽，表示它已经吃腻了这种食物。

　　③水质的剧烈震荡。大量换水、大量更换清洗滤材，从而引起硝化系统破坏，造成水质大幅度动荡。龙鱼由于调节机能不能短时间适应，造成没有胃口。

　　④环境突变。由于水族箱内外环境的改变，造成龙鱼的精神压迫，使食欲降低。

捕食中的龙鱼

⑤疾病。龙鱼生病后往往没有胃口或胃口下降。

● 处理方法

①增加竞争。选择比所饲养的龙鱼体形略小一点的鱼混养，数量至少两条。这种竞争机制的引入对于龙鱼增进食欲功效卓著，立竿见影。

②增加食物的种类。定期变换龙鱼食物或同时用多种食物喂养，既能避免营养不良，又可以杜绝单一食物造成的厌食症发生。

③节食。亚成鱼以后适度控制饮食，每周定期停喂两天，有助于保持龙鱼食欲旺盛。

④运动。可以通过增加冲浪的水流，迫使其增加运动量。

⑤保持水质的稳定。避免大量换水，老化的滤材要用原缸水少量分批清洗或者更换。避免硝化系统的破坏造成水质不稳定。换水速度不宜过快，保持规律性换水。

⑥调整水温。适度提高水温，加快龙鱼自身新陈代谢。

⑦找出病因，对症下药。恢复健康后，龙鱼自然胃口大开。

另外，如果是龙鱼季节性和阶段性停食，只需耐心等待即可；添加一些龙鱼专用免疫维生素也能促进龙鱼食欲。

 掉眼 〉〉〉

掉眼是龙鱼最常见的疾病之一。所谓掉眼是指龙鱼的眼睛没有平直地"镶嵌"在眼眶中，而是呈一定角度的向下坠出，好像要从眼眶中"掉"出来一样。

● 掉眼产生的原因

动物的眼睛有"趋光"和"羞光"两重性。光线突然变化或强弱不均是造成龙鱼掉眼的罪魁祸

掉眼

首。由于生存的需要，观察近水面猎物在眼中的成像，造就了龙鱼追逐上方活动景物的本能，这就是眼睛的"趋光性"。由于突然的强光刺激，龙鱼眼睛瞬间产生回避光线的自然反应，这就是其"羞光性"。在水族箱里，如果光照强度过大，超出了龙鱼眼睛的承受能力，龙鱼就会因为长期的"羞光"造成调节机能的疲劳从而形成掉眼。一些使用水中灯的水族箱因为光照强度不均衡，造成水族箱里有明亮区域和阴暗区域，这种光线强弱不均同样会造成龙鱼眼睛调节机能的疲劳，促成掉眼的发生。

● 处理方法

①选择灯光的合理强度，减少强光对龙鱼眼睛的刺激。合理利用龙鱼眼睛的"趋光性"。通常龙鱼不需要太强的光照强度。一般 1.5 米的缸用 40 瓦、1.8 米的缸用 60 瓦、2.0 米的缸用 80 瓦的照明比较合适。

②保持缸内光线强度的一致性。有利于减少龙鱼视觉调节机能的疲劳，对于防止掉眼是十分有利的。使用水中灯时，可以在水族箱内部上侧增加一盏上部灯来配合使用，以确保水族箱内光线强度的一致性。

③保持缸外环境的相对稳定，鱼缸内外光线强度不能有太大反差。

良好的饲养照明条件

④保持家中开关灯合理的顺序。先开室内灯，再开鱼缸灯；先关鱼缸灯，再关室内灯，给龙鱼的眼睛以充足的调节时间。避免不必要的突然开关灯，最好用定时开关控制，定时开关灯。

 缩鳍 >>>

● 缩鳍产生的原因

造成龙鱼缩鳍有很多不明的原因，由于缩鳍严重影响到龙鱼优美身姿的展现，需要我们认真观察，确定病因，并加以解决。目前我们知道的主要原因有以下几种：

①寄生虫。龙鱼有了寄生虫就容易出现缩鳍。

②水质的波动。这是诱发缩鳍的重要因素。

③环境太过空旷。太过空旷的环境造成的精神压迫，也是龙鱼缩鳍的重要原因。

缩鳍的龙鱼

● 处理方法

①做好活饵的消毒检疫工作，避免寄生虫滋生。

②保持良好水质，确保水质的稳定，避免疾病的发生。

③幼龙期可以先在比较小的环境中饲养，以减少精神压迫对于龙鱼的影响。

④做好日常管理工作，发现问题及时处理。

地包天 　　　　　　　　　　　　　　　　　　　》》》

● 地包天的原因

饲养龙鱼的过程中，龙鱼下颚过长的"地包天"现象非常多见，红龙鱼相对于过背龙鱼更多一些。除去先天遗传的因素，人为控制生长是地包天产生的主要原因。大家都知道龙鱼是通过下颚的运动吞咽食物，"用进废退"的原理能更好解释这种现象，因此大多数龙鱼的下颚比上颚要长一点是正常的。但是严重的地包天由于受到人们审美习惯的影响而并不讨人喜欢。

● 处理方法

轻度的地包天是可以通过后天调节完全恢复，而中度的地包天也可以得到改善。方法主要是通过调节龙鱼食欲，增加饮食和营养。平时多喂鱼虾、泥鳅、青蛙、小鳖等钙质含量高的食物，也可以通过维生素补充，弥补营养不足。

地包天

規模化的龙鱼饲养检疫场

 龙鱼常见疾病的防控

　　龙鱼的饲养为我们的生活增添了许多乐趣，但在饲养过程中也或多或少会给养鱼人带来一些心理负担。看着"爱龙"遭受疾病侵扰，特别是龙鱼患病期间精神状态萎靡，不但使观赏价值大打折扣，也让养鱼人感到心疼。因此，在日常管理过程中如何做好疾病的前期防控、避免各种疾病侵袭是日常饲养的主要工作之一。疾病重在预防，作为龙鱼爱好者，我们应该如何设防，做到防患于未然呢?

 保障龙鱼健康须了解病因及时处理 　　　　 〉〉〉

　　龙鱼的患病诱因主要可分为病原性和非病原性。病原性也就是常见的细菌、病毒、寄生虫等感染;非病原性疾病一般是因为长期水质不良或营养不均衡，造成免疫力低下引起，从而使得龙鱼更容易遭受疾病侵袭。具体的病因有如下几点:

● 水质不良

水质不良是龙鱼患病的第一诱因。水族生物的健康与水体质量息息相关，建立稳定的水质是满足龙鱼健康成长的先决条件。

● 日常管理不到位

日常管理不到位导致龙鱼生活不规律，如日夜颠倒、光照时间长短不一、喂食时间没规律、喂食量不均衡造成了龙鱼免疫力下降，很容易导致龙鱼患病。

● 营养不均衡

多样化饮食是健康成长的基础。龙鱼不同的成长阶段，饵料投喂量也要适时调整，"七八分饱，健康苗条"的健康理念同样适合龙鱼。

● 环境突变

稳定的环境对于饲养龙鱼来说至关重要，因为某些与龙鱼相关的精神性疾病与环境密切相关。最常见的龙鱼"自咬尾症"，多属于环境紧迫造成的精神性疾病。稳定的环境是龙鱼保持健康情绪的基础，特别是幼龙和中龙阶段保持稳定的环境更为重要。多数龙鱼的跳缸、撞缸造成机械性损伤或者死亡都与环境变动密切相关，因此必须引起足够重视。

用塑料袋运输的龙鱼

须隔断疾病入侵通道 〉〉〉

作为病原性疾病感染一般由传染源带病入缸，往往是因为在饲养过程中添加新鱼，或者饵料鱼不做检疫，成为疾病的感染源，造成整缸鱼感染。那么堵住传染的源头，避免其他鱼类带菌入缸则是重中之重。因此，我们要注意做好以下几个方面的工作：

● 对新增混养伙伴进行隔离饲养

大多数龙鱼爱好者选择混养。在饲养缸里中途添加混养伙伴也算是平常事，在新鱼入缸以前可以在备用缸暂时饲养一段时间。在入缸前，一是要做必要的检疫，以免带病入缸，感染整个群体；二是在暂养期间注意观察，新增混养伙伴的体表有无异常性增生、霉菌感染，身体局部有没有病变部位，体色是否艳丽，食欲是否正常，观察饲养一段时间以后没有异常情况，再过水入缸；三是采取低浓度的药物进行检疫处理，一般用浓度控制在 0.3% 以内的大盐饲养一段时间即可，也可以用高锰酸钾溶

液浸洗消毒。或者使用其他水族常规用药处理，不过，使用原规定药量的 1/2 即可。

● 对投喂饵料必须做处理

龙鱼一般以活饵为食，但活饵不经过处理风险很大：一是容易细菌滋生，二是饵料的骨刺容易伤胃。所谓病从口入，饵料是疾病的源头之一，堵截是防控疾病最好的方法，因此检疫消毒工作不可松懈。

一般龙鱼以小鱼作为主食。对小鱼的检疫处理可以有几种方式：一是药物杀菌。选择高锰酸钾溶液，这是龙鱼常规药物，也属于广谱用药，对于细菌、病毒、寄生虫类都有效，可以按照使用说明操作。二是对饵料鱼预先隔离处理。把饵料用鱼放在备用容器暂养，设置简陋的过滤设备处理水质，一般饵料用鱼不再投喂，饲养用水中可以用浓度 0.3% 的大盐做预防，避免细菌滋生。

● 对捕捞用具需定期消毒处理

日常饲养过程中的捕捞网、抽水的管线、盆具、水桶等常用器具要定期用高锰酸钾溶液浸洗消毒，避免成为污染源。特别是在病鱼隔离治疗期间，器具不能混用，以免群体感染。

杀菌灯

大盐是很好的消毒用品

龙鱼要对新环境适应一段时间

 须建立防御体系 >>>

● 合理设置饲养空间有利龙鱼健康成长

　　足够的生存空间是龙鱼健康成长的根本保证。造景缸和裸缸在整体感观上确实是差别巨大的，但养鱼新手在造景过程中，往往因为搭配不当而造成某些隐患，对龙鱼生长十分不利。因此，提供一些粗浅的造景经验以供大家参考。

　　造景缸中，目前市面上流行的龙缸造景多选择沉木、底砂、水草、岩石作为塑材。底砂可以选择黑金砂同时搭配沉木以及水榕类耐高温水草作为点缀。沙砾层底部最好铺设导流管兼顾做成底砂过滤，以保证水流通畅，避免造成过滤死角，污物积累，为有害菌滋生创造生存条件。沙砾层需要换水时用洗沙器清洗。不要选择棱角过于分明的岩石、沙砾或者沉木，以免龙鱼在游动、抢食、争斗过程中造成鱼体外伤。这些外伤在水体不良的情况下，很容易引发细菌感染。

● 构建疾病防御体系需提高龙鱼免疫力

龙鱼自身的免疫系统是非常强大的，也是适应力很强的鱼类，在合理正常饲养的情况下，一般很难受到疾病的侵袭。所以在饲养过程中，只要做好有规律的日常管理工作，不必为了消毒而经常在水族箱内添加大盐，长期的高盐饲养会使得一旦龙鱼生病，再用大盐处理效果也会大打折扣。合理使用一些水族专用的富含丰富维生素B的制剂，能够促进龙鱼新陈代谢，加强免疫系统的效能，增加对病原的抵抗力。

● 明确诊断正确治疗才能保证健康

真正遇到疾病，不要急着用药，首先要明确诊断。因为有些水质不良造成的疾病，只要换换水，就可以解决。比如轻微的蒙眼，甚至不用放盐，几天就好。有些

水质良好的情况下，龙鱼颜色鲜艳有光泽

龙鱼

在大水体中，龙鱼发病率降低

由于换水，温差过大造成的初期立鳞，只要升升温，就能搞定。有些水体不良造成的初期翻鳃，只要换换水，增加冲浪的水流就能痊愈。因此遇到疾病困扰，首先要查明原因，检测水质，能用物理治疗的就不用药物，谁都知道是药三分毒。二是不要滥用药物，不能总是往水族箱里放盐，或者滥用抗生素，以免形成耐药性。三是及时清除药物残留，在龙鱼经过药物治疗之后，一定要换水或者利用活性炭清除药物残留，以免造成药物对龙鱼健康的损害。

有备无患是非常必要的。在做好日常管理工作的同时，要储备一些常规的水族用药，并充分了解药效和鱼病的知识。鱼病包括细菌和病毒性疾病、寄生虫性疾病。其中细菌性疾病包括体外细菌性疾病和体内细菌性疾病，如常见的烂嘴病、细菌性烂尾病、烂鳍病、烂肉病、眼睛白蒙、出血性败血病、立鳞病、溃疡病等；寄生虫类疾病包括体外寄生虫性疾病和体内寄生虫性疾病。体内寄生虫类又包括体内线虫、蛔虫、绦虫、钩头虫、六鞭毛虫等；体外寄生虫类又包括指环虫、三代虫、锚头蚤、鱼虱等，了解了用药知识就可以根据实际防控的需要选择储备性药物，以防万一。

总之，预防永远是龙鱼保持健康的最好方法。保持水质稳定优良，均衡全面提供营养，才能让龙鱼远离疾病的困扰，让轻松"养龙"成为现实。

龙鱼常见病的防治 　　　　　　　　　>>>

● 水泡病

水泡病的症状：多发生在过背金龙鱼身上，会在其眼后的金线位置出现鼓起。早期看上去特别像一座浮雕，一条条金线凸显。久而久之会遍及龙鱼的头部，整个头部都是水泡，而且发展神速，甚至遍及全身，出现溃烂的严重状况。

成因：导致龙鱼水泡病的成因是多种多样的，主要是水族箱中的水质老旧、温度偏高、有机物积累过多、细菌大面积繁殖造成的感染。

对策：水泡病并不会对龙鱼的生命造成致命的影响，但会降低欣赏效果。当然，如果发现不及时，任其发展，则会有相当的危险性。具体对策是，首先需要降低鱼缸中的水温，可将鱼缸放在通风性好的地方；其次，对于老旧的水质，需要少量多次换水以改善水质，并加入适量的抗菌性药物；彻底清洗水族箱中的滤材，消除细菌；最后，要养成良好的换水规律。

● 白点病

白点病症状：主要表现在龙鱼各鳍以及头部会出现小白点，如果不及时进行治疗，随着病情的加重，小白点会向全身蔓延，使龙鱼在缸壁或缸内的器物上面擦蹭，食欲也会随着病情的加重而下降。

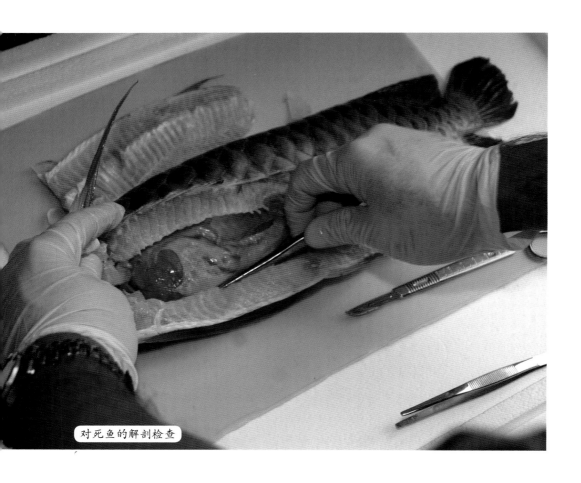
对死鱼的解剖检查

成因：白点病在龙鱼身上常有发生，那么引发龙鱼白点病的因素有哪些呢？其中主要原因一是水温温差变动过大。除了换水，造成水温变化大的主要因素就是季节。一般来说，白点病在水温低的时候发生的概率比较高，因此换季是龙鱼白点病发生的重要时间点。春秋两季早晚温差比较大，敏感的龙鱼会感知到水温的剧烈变化，最容易罹患白点病。当然水质恶化的时候，龙鱼也会感染白点病。

对策：无论是何种原因导致龙鱼患有白点病，及时治疗是关键，治疗的方法可以通过升温的方法来治疗。虽然白点病是可以治疗好的，但是如果提前做好预防，密切关注水族箱水温的变化，那就免去了龙鱼患病之苦！

● 立鳞病

立鳞病症状：立鳞病的发病初期，龙鱼鱼体发黑，体表粗糙，病鱼前部鳞片竖起，竖起的鳞片向外张开。鳞片基部的鳞囊水肿，鳞囊内积有半透明状的液体；严重时全身鳞片竖起，鳞囊内积有含血的渗出液。用手指轻压鳞片，渗出液就从鳞片下喷射出来，鳞片也随之脱落。病鱼有腹水，腹腔膨大，有时还伴有鳍基部和皮肤表面充血、眼球突出等临床症状。病鱼游动迟钝，呼吸困难，如不及时进行治疗，持续几天后病鱼就会死亡。立鳞病一旦产生就要及时去解决，如果拖延，成功治愈

被细菌感染的龙鱼

龙鱼立鳞病的概率就下降了。

    成因：龙鱼产生立鳞的病症有很多原因，季节转换导致水温的剧烈变化，龙鱼不能在短时间内适应，因而引发立鳞病，这是最根本的原因。

    对策：治疗立鳞病的主要方法及步骤是：

    ①一旦发现龙鱼罹患立鳞病，应在初期阶段立刻将鱼缸内温度上调，要高出平常饲养温度 1～2℃，爆氧。加海盐或者大盐，加入的量大致在 0.6%～1%。换水的方法是隔 3～4 天换一次水，换水量 1/4。如果按这样的方法持续一周左右，龙鱼立鳞病可以痊愈，那就不需要加药物配合；如果没有好转的迹象，那治疗就需要药物配合了。

②双黄治疗法。日本黄粉 2 袋、痢特灵 6 ~ 8 片，水温恒定 32 ℃；土霉素 15 片、B 族维生素 10 片，水温恒定 32 ℃；阿莫西林 20 粒或者头孢拉定 20 粒，B 族维生素 10 片，爆氧，水温恒定 32 ℃（1000 升水的情况下）。

一般成年龙鱼抵抗力比较强，在添加药物之后三天之内就会痊愈，而正在发育期的幼鱼要根据鱼缸的大小以及发病的严重程度来适量定制治疗方法。

在季节交替的时候，保持龙鱼缸适宜生存的水温和水质是预防立鳞病发生的最有效措施。

小知识　　龙鱼相对其他鱼类拥有更大更厚的鳞片，这种鳞片可以保护它们不被热带河流中的树枝划伤。但厚重的鳞片底下很容易隐藏细菌和寄生虫，这就是龙鱼比其他观赏鱼更容易患立鳞病的自身原因。

赏鱼篇

    关于龙鱼的鉴赏标准，相信是一个"众口难调"的话题。因为每个人对于美的理解不同，在每一个热爱龙鱼的人心中都有自己的审评准则。养龙鱼的最高境界是精神修养，是追求一种全新的有利于身心健康的自然生活。以快乐的心境享受整个饲养过程，是对一种健康生活方式的理解和追求。饲养是这个过程中的一个重要环节。饲养的最高境界是"雕琢"。细节成就完美。"龙鱼作品"需要从各个细节去修身塑形，那么龙鱼美的标准究竟是什么呢？

汤勺头

炮弹头

从细微之处品赏龙鱼整体之美

● 头型美

龙鱼的头型基本上有两种，即炮弹头型和汤匙头型。炮弹头型也称钝头型，原生版的血红龙多见，给人的感觉是稳重大方。汤匙头型也称翘头型，多见于辣椒红龙，因为形似汤匙，故被称为汤匙头型，也因为更符合大众的审美观念，被更多的红龙鱼迷所喜欢，因而备受追捧。但是钝头型的过背金龙因为更具有古典过背的风范，反而是优质过背金龙鱼的重要评价指标。

● 龙须美

挺直的龙须是龙鱼帝王般威严的象征。要求长且挺直向前。龙须有内八字或外八字的表现，绝对的两须平行很少见，略微外伸的外八字更符合多数人的审美原则。

在日常的管理中要注意对龙须的保护，一旦严重损伤则难以完全复原。严重影响龙鱼的美感。另外长期精神紧迫使龙鱼养成顶着缸壁上下磨缸的习惯动作，容易造成龙须局部组织增生，形成须瘤。此外，龙须对水质变化敏感，大量换水造成的水质动荡，也是造成龙须弯曲、打结、变形的原因，因此保持良好水质和稳定环境非常重要。

● 唇之美

唇的红度往往被红龙鱼爱好者作为幼龙挑选的重要指标之一，深红或者暗红的唇比橘红色的唇使红龙更具魅力。

● 上下颚吻合之美

上下颚均要求不突出，完全吻合。

在实际饲养的过程中，上下颚的交界处，也就是嘴角常出现凸起状增生物。这种情况，升温、下盐没有效果，经过检测多为水质波动过大造成的应激反应。保持水质稳定，一段时间以后能够自然恢复。龙鱼由于吞咽食物过于猛烈或者机械性撞击，造成上下颚不能闭合，类似人类脱臼的情况，轻微的可以自然复原，严重一点的需要人工按摩，帮助其完全恢复。先天造成的下颚突出，基本无法改变，因此在幼龙挑选的过程中要尽量避免选择下颚明显突出的个体。后天的下颚突出，在日常饲养过程中，只要提供均衡的营养，基本可以避免。

● 眼睛美

龙鱼的眼睛要大小均匀、平贴，明亮有神，不下垂，无白浊现象。眼睛和头部的比例要搭配适中。

龙须过短的类型

正常向前伸展的龙须

地包天的嘴型

正常嘴型

后天的人为控制生长往往造成龙鱼眼睛与头部的比例失调，因此即使采用慢养的手法，也不可过度。因平时水质管理疏漏或者不善，造成的龙鱼细菌性凸眼，或者因光照环境不良造成的龙鱼掉眼，都是龙鱼品赏中严重有碍美感的现象。因此，有规律的水质管理和强度适中、光照均匀的饲育环境十分必要。

● 鳃之美

龙鱼的鳃部要与身体的弧度相配合，紧贴鱼身，软鳃平顺，无外翻内合现象，无褶皱，无凸起或凹陷。龙鱼的鳃要有细腻的光泽，呼吸时开合顺畅，频率适中。

常见的鳃部疾病多为软鳃外翻，也有内合现象，多由于水质管理不善造成的抗机能性反应。一般通过改善水质，加强过滤，加大换水频率，增加水中的溶解氧，进行改善或者恢复，也有鳃霉菌或者原生动物以及黏孢子虫类造成翻鳃的情况。发现翻鳃现象要及时处理，一旦发展到硬鳃，完全恢复就有难度。一般的保守治疗便没有效果，应尽快采取麻醉手术剪除外翻的软鳃，保持良好的水质，一段时间以后基本可以复原。

● 鳞片美

鳞片是一条龙鱼最重要的观赏点。整齐、宽大、明亮，平顺而不变形是龙鳞的基本要求。同时龙鳞反映了龙鱼的营养状况，营养均衡的龙鱼鳞片边角完整，营养

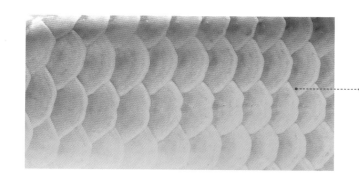

鳞框，龙鱼发色的源泉

不良则有锯齿状的溶鳞表现。鳞片是决定龙鱼体色的最重要因素，鳞片的色彩是欣赏龙鱼的重点之一，所以龙鱼的鳞片对爱好者来说至关重要。

　　龙鱼鳞片基底最好不能有黑色斑点。幼龙（15厘米左右）鳞片的光泽度和第一鳞框的清晰度往往是区分质量优劣的重要指标之一。现在的审美观念中往往根据鳞框的宽度划分为细框、中框、粗框或无框，鳞框的宽度决定了主发色带的宽度。位于鳞片内侧与鳞底之间的是第二鳞框，第二鳞框便是龙鱼鳞片发色的"源泉"。第二鳞框的表现在粗框鳞片上尤为明显，一般随着龙鱼的不断成长，第二鳞框不断变宽，逐渐向鳞底铺展，也就是所谓的"吃底"。根据实践经验，生长的速度决定着吃底的速度。采取快养的手法，往往吃底速度较快，但第一鳞框与鳞底的边界没有层次感，色素层的厚度明显变薄。水的酸碱度同样对鳞框影响很大，往往高pH的水质条件

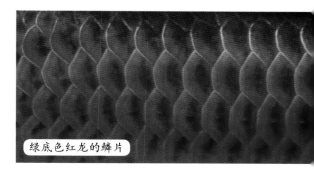

绿底色红龙的鳞片

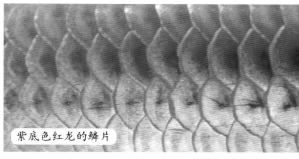

紫底色红龙的鳞片

蓝底色红龙的鳞片

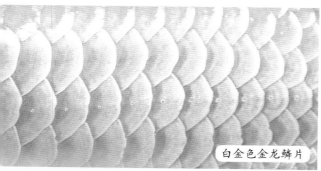

白金色金龙鳞片

金龙鳞片

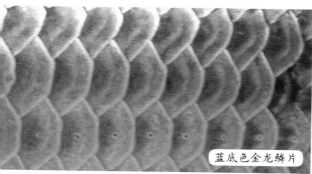

蓝底色金龙鳞片

下，龙鱼细框的表现更长久一些，低pH的条件下吃底的速度更快一些。

恶劣的水质条件和营养不良一样会造成溶鳞，严重时需要手术拔除。新的鳞片长出来以后，基本可以完全恢复。另外水质不良、营养不均造成的侧线孔放大，通过加强管理适当补充维生素也可以避免。

龙鱼鳞片的色彩除了先天的色素基因显现外，和饲养环境密切相关。在黑色背景营造的幽深氛围中鳞底给人的感觉就是比较"脏"。但是鳞片的色彩有明显加深的感觉；通透的环境、清爽的水色会造成鳞底更干净明亮，但色泽会明显降低。如果不使用人工增色，如不开红色植物灯、不喂增色饲料来培养龙鱼的鳞片，龙鱼的鳞底色彩就会比较明净、单一。但是，要欣赏红龙或是过背金龙，鳞底的颜色是除发色之外的另一个重要欣赏角度。金底、蓝底、黑底、紫底、白底、青紫底在不同光照环境下能焕发出"五彩光芒"，着实令人目不暇接、美不胜收。

● 胸鳍美

胸鳍必须具有美丽的弧形并平滑的伸展，在这一点上红龙鱼比金龙鱼更加受到人们的重视。传统的审美观念中，更多的红龙鱼迷把胸鳍宽大舒展、长度超过腹鳍作为选择标准，因为宽大舒展的胸鳍的确更具威武气势。

宽大的红龙鱼后三鳍

宽大的金龙鱼后三鳍

后三鳍伸张不够的金龙鱼

后三鳍伸张不够的红龙鱼

● 腹鳍美

腹鳍要完整左右对称，后方三鳍大而张开，不能歪扭，梗骨平顺。后方三鳍以大为美，对红龙鱼来说各鳍的颜色越红艳越好。

龙鱼各鳍容易因为机械性外伤造成破损，并出现常见的自切现象，一般能够自然恢复，或者进行外科手术整形。胸鳍因水质长期不良会出现瘤状增生物。如果增生物已出现，调整水质没有效果，则需要手术切除。尾鳍如有凸起状增生，升温、下盐没有作用，如经观察断定为外伤造成的代偿性增生的情况，要与体外寄生虫加以区别。缩鳍多为精神紧张所致。龙鱼精神萎靡，不利于观赏，因此应该尽量保持

体形良好的红龙鱼

体形良好的金龙鱼

稳定的饲育环境，避免精神紧迫发生。

另外，保持龙鱼臀肛的美观也是鉴赏龙鱼的重要方面。由于饲养投喂尖锐状食物，龙鱼难于消化，或者喂食过度，往往造成龙鱼的脱肛现象。对于出现脱肛现象的龙鱼，一般通过停食一段时间，或者投喂易于消化的食物，能够自然复原，脱肛情况多发生于幼龙及中龙阶段。如造成习惯性脱肛需要手术剪除，因此对龙鱼饲喂的日常管理不能松懈。

从形与神品鉴龙鱼的大气与华贵

● **体形美**

体形各个部位比例适中，具有优美的体形才是够品位、具有观赏价值的龙鱼，不过有人喜欢汤匙头、宽身形、桃形尾、框底分明的个体；有人欣赏钝头型、细长身、扇形尾、一片式发色的血红龙体形。但作为衡量优美体形的尺度，不能太胖或太瘦、各鳍舒展、游姿优美，才是龙鱼形体美的基础。体形的培养需要良好的水质基础、多样化的饮食供给、适度的投喂规则以及充足的游动空间。

● **游姿美**

泳姿优雅的龙鱼是大自然赠予我们的高贵宠物，它全身散发的光彩，一丝一毫都是对美最好的诠释。没有哪种观赏鱼能带给我们如此强烈的感动和震撼，高傲的姿态透露出帝王般的威严，而这威严正是源于龙鱼沉稳含蓄，却又蕴含着无穷力量的泳姿。所以，游姿的好坏无疑对于展示龙鱼的优美具有决定意义。保持稳定的水质条件和稳定的饲育环境，避免龙鱼身体素质差或者精神状态差造成的趴缸、缩鳍、呆滞一角之类的情形发生至关重要——毕竟龙鱼只有在饱满的精神状态下才能完美展现王者之美。

气势雄壮的红龙鱼

优秀的超级红龙鱼

优秀的紫艳红龙鱼

优秀的超级红龙鱼

优秀的过背金龙鱼

优秀的过背金龙鱼

优秀的蓝底过背金龙鱼

优秀的过背金龙鱼

优秀的橘红龙鱼

优秀的过背金龙鱼

优秀的辣椒红龙鱼

优秀的金红龙鱼

优秀的金红龙鱼